精品课程配套教材

21世纪应用型人才培养"十三五"规划教材

"双创"型人才培养优秀教材

U0636995

砌体结构工程

QITIJIEGOUGONGCHENG

主　编　刘玉国　盛　娟

副主编　付永卫

河海大学出版社

HOHAI UNIVERSITY PRESS

内 容 提 要

本书根据砌体结构课程的教学大纲基本要求及国家最新标准规范编写。主要内容包括砌筑施工机具、砌筑砂浆、砖砌体工程、混凝土小型空心砌块砌体工程、石砌体工程、配筋砌体工程、加气混凝土砌块工程、脚手架工程、冬期雨期施工、砌体结构设计。

本书可作为土木工程专业学生使用，另外还可供有关工程技术人员参考、阅读。

图书在版编目（CIP）数据

砌体结构工程／刘玉国，盛娟主编. -- 南京 ：河海大学出版社，2017. 8
ISBN 978-7-5630-5017-8

Ⅰ. ①砌… Ⅱ. ①刘… ②盛… Ⅲ. ①砌体结构–建筑工程–工程施工–教材 Ⅳ. ①TU36

中国版本图书馆 CIP 数据核字（2017）第 214946 号

书　　名	砌体结构工程	
书　　号	978-7-5630-5017-8	
责任编辑	毛积孝	
特约编辑	赵联宁	
封面设计	唐韵设计	
出版发行	河海大学出版社	
地　　址	南京市西康路 1 号（邮编：210098）	
电　　话	（025）83737852（总编室）　（025）83722833（营销部）	
网　　址	http：//www. hhup. com	
印　　刷	北京玥实印刷有限公司	
开　　本	787 毫米×1 092 毫米　1/161	
印　　张	14. 25	
字　　数	317 千字	
版　　次	2017 年 8 月第 1 版	
印　　次	2017 年 8 月第 1 次印刷	
定　　价	36. 00 元	

前　言

加快发展现代教育是党中央的重大决策，构建现代教育体系是国家教育中长期规划纲要的重要内容之一，发展教育是推动经济发展、促进就业、改善民生、解决"三农"问题的重要途径。

我们在编写本教材时把握以下几个原则：

1. 从职业岗位需求出发进行课程设置。打破学科体系课程模式，从职业需求出发构建全新的课程体系。本以工作过程为导向，以典型工作项目等为主体，按照工作任务的逻辑关系和生产工艺的演进规律进行设计，形成以典型工作项目为主体的新型模块化课程，并为学生提供体验完整工作过程的学习机会。

2. 课程内容以职业岗位所要求的知识能力为基础。坚持技能体系与知识体系并重，注重职业情境中实践能力的养成，培养学生在复杂的工作过程中作出判断并采取行动的综合职业能力。具体内容选取时，以建筑行业现行的施工、结构设、质量验收规范及相关标准为参考，并把职业资格证书及技能大赛所要求的知识与技能引入到教材中，使学生完成学业即可获得相应职业资格证书，能够顺利与建筑行业接轨。

3. 课程内容的组织契合 MOOC、微课要求，将知识点、技能点进行梳理，既体现"碎片化资源、系统化设计"的思想，便于学生利用零星时间进行学习。

4. 教学活动推行理论实践一体化。教学活动设计要坚持做中学、做中教，工作任务与知识、技能紧密联系在一起，典型工作任务在本行业中具有通用性、典型性、先进性。

本教材以多层砖混结构房屋项目载体，并配有图纸。教学时，学生首先读懂图纸，再在实训场完成图纸中不同墙段的砌筑施工，再有小组之间相互检测，完成质量检查验收。真正做到教、学、做合一，让学生体验"读图 施工 检查验收"的完整工作过程。（本书需要多层结构施工图请找出版社老师 3004834210@ qq. com 索取）

衷心感谢被引用参考文献的作者，是他们的研究成果奠定了本教材的编写基础。在编写过程中得到了许多老师的大力支持，在此表示衷心的感谢。

限于编者的经验、水平以及时间限制，书中难免存在不足和缺漏，敬请专家和广大读者批评指正。

学习本课程时，需配套购买《砌体工程施工质量验收规范》（GB50203-2011）和《建筑施工扣件式钢管脚手架安全技术规范》（JGJ130-2011）。

编者

2017 年 7 月

目　录

学习情境一　砌筑施工机具 ································· 1

　　任务 1-1　砌筑、检测工具的使用 ···················· 1

　　任务 1-2　砌筑机械设备简介 ························· 11

学习情境二　砌筑砂浆 ······························· 27

学习情境三　砖砌体工程 ····························· 38

　　任务 3-1　砌筑方法 ······························· 38

　　任务 3-2　砖墙砌筑 ······························· 50

　　任务 3-3　熟悉砖柱、砖垛砌筑 ···················· 83

　　任务 3-4　砖基础的砌筑 ··························· 89

　　任务 3-5　砖砌体质量的检查验收 ·················· 92

　　任务 3-6　安全技术 ······························· 97

学习情境四　混凝土小型空心砌块砌体工程 ·············· 101

学习情境五　石砌体工程 ····························· 114

学习情境六　配筋砌体工程 ··························· 125

学习情境七　加气混凝土砌块工程 ····················· 135

学习情境八　脚手架工程 ····························· 144

学习情境九　冬期雨期施工 ··························· 147

学习情境十　砌体结构设计 ··························· 172

　　任务 10-1　设计原则 ····························· 172

任务 10-2 物理力学性能及材料强度等级 ……………………………… 177

任务 10-3 砌体结构房屋形式和组成 ……………………………… 187

任务 10-4 特殊构件计算 ……………………………… 215

参考文献 ……………………………… 219

学习情境一　砌筑施工机具

学习指南：

本学习情境主要学习砌筑常用的施工工具及设备机械的相关知识，并进行相应的技能训练。你想一踏入工地就成为一名出色的施工员吗？从现在开始吧！

知识目标： 1. 掌握常用砌筑工具、检测工具的性能及其使用方法。

2. 掌握砌筑用机械设备的性能。

技能目标： 1. 能够正确使用砌筑检测工具。

2. 能合理选用砌筑设备。

任务 1-1　砌筑、检测工具的使用

知识目标： 通过本任务的学习和实训，了解砌筑工具的性能、用途。

技能目标： 能正确使用砌筑、检测工具。

一、知识点

砌筑使用的工具视地区、习惯、施工部位、质量要求及本身特点不同有所差异。

砌筑工具：

以下分别讲述砌筑工具、备料工具、勾缝工具的构造特点、使用方法及用途。其他公用手动工具有橡胶水管、积水桶、灰勺、钢丝刷、

扫帚等。

（一）砌筑工具

砌筑工具有瓦刀、大铲、刨锛、准线、皮数杆、线锤（垂球）（吊线砣）、水平尺、透明塑料管等工具。

下面分别介绍其性能及用途

瓦刀又分为单面瓦刀（图1-1）和双面瓦刀（图1-2）。主要用于打砖、打灰条及发碹用，也可校准砖块位置。

　　　　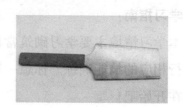

图1-1　单面瓦刀　　　　　　　图1-2　双面瓦刀

大铲又分为三角形大铲（图1-3）、桃形大铲（图1-4）、方形大铲（图1-5）。

大铲主要以桃形居多，是"三一"砌筑法的关键工具，主要用于铲灰、铺灰和刮灰，也可用来调和砂浆。

图1-3　三角形大铲　　　　图1-4　桃形大铲　　　　图1-5　方形大铲

刨锛（图1-6）用以打砍砖块，也可当作大锤与大铲配合使用。施工线（图1-7）是直径为0.5~1mm的尼龙线。用于砌体砌筑时拉水平用，另外也用来检测墙体水平灰缝的平直度。

图1-6　刨锛　　　　　　　　　图1-7　施工线

皮数杆（图1-8）用于控制墙体砌筑时的竖向尺寸，分基础用和墙身用两种。

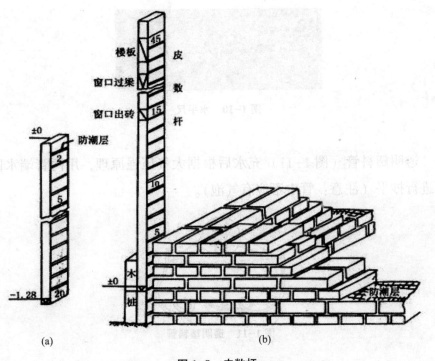

图1-8　皮数杆

（a）基础皮数杆；（b）墙身皮数杆

1. 墙身皮数杆：一般用 5cm～7cm 宽、3.2～3.6m 长的杉木制作。上面划有砖皮数、灰缝厚度、门窗、楼板、圆梁、过梁以及楼层高度。

2. 基础皮数杆：一般用 30mm 见方的杉木制作，杆顶应高出防潮

学习笔记

层。上面划有砖皮数、灰缝厚度、地圈梁及防潮层的高度。

线锤（垂球）（吊线砣）（图1-9）砌筑时用于自查墙体垂直度。

图1-9　线锤

水平尺（图1-10）用铁或铝合金制作，中间镶嵌玻璃水准管。砌筑过程中，用于检查砌体水平方向的偏差。

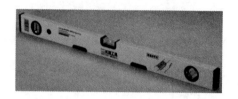

图1-10　水平尺

透明塑料管（图1-11）充水后根据大气压强原理，用两管端水凹面进行抄平（注意：管中不应有气泡）。

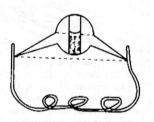

图1-11　透明塑料管

（二）备料工具

备料工具分为砖夹子、筛子、铁锹、运砖车、元宝车、翻斗车、砖笼、料斗、灰槽、灰桶等。

砖夹子（图1-12）用于装卸砖块，避免对工人手指和手掌造成伤害。它由施工单位用 16mm 的钢筋锻造制成，一次可夹 4 块标准砖。

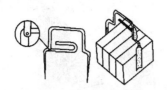

图 1-12　砖夹子

筛子（图 1-13）主要用于筛砂，筛孔直径有 4mm、6mm、8mm 等数种。筛细砂可用铁纱窗钉在小木框上制成小筛。

图 1-13　筛子

铁锹分为尖头铁锹（图 1-14），方头铁锹（图 1-15），铁锹主要用于挖土、装车、筛砂。

图 1-14　尖头铁锹

图 1-15　方头铁锹

运砖车（图 1-16）主要由施工单位自制，用来运输砖块。可用于砖垛多次转运，以减少破损。

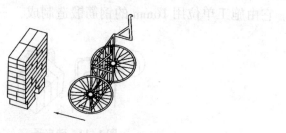

图 1-16　运砖车

元宝车（图 1-17）、翻斗车（图 1-18）主要用于运输砂浆和其他散装材料；轮轴宽度小于 900mm，以便于通过门槛。

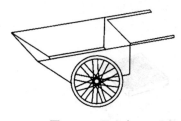

图 1-17　元宝车

图 1-18　翻斗车

砖笼（图 1-19）用塔吊吊运时，罩在砖块外面的安全罩。施工时，在底板上先码好一定数量的砖，然后把砖笼套上并固定，再起吊到指定地点。如此周转使用。

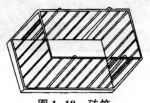

图 1-19　砖笼

料斗（图 1-20）塔吊施工时吊运砂浆的工具，当砂浆吊运到指定地点后，打开启闭口，将砂浆放入贮灰槽内。

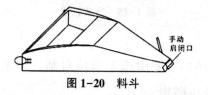

手动
启闭口

图 1-20　料斗

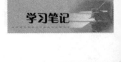

灰槽（图1-21）供砌筑工存放砂浆用，用1~2mm厚的黑铁皮制成，适用于"三一砌法"。

图1-21 灰槽

灰桶（图1-22）供短距离传递砂浆及瓦工临时贮存砂浆使用，分木制、铁制、橡胶制三种，大小以装10~15kg砂浆为宜，披灰法及摊尺法操作时用。

图1-22 灰桶

(三) 勾缝工具

勾缝工具分为溜子（灰匙）（勾缝刀）、抿子和灰板。

溜子（灰匙）（勾缝刀）（图1-23）是用φ8钢筋打扁成型，并装上木柄，用于清水墙勾缝。

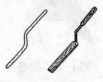

图1-23 溜子

7

抿子（图1-24）是用0.8~1mm厚钢板制成，并装上木柄，用于石墙抹、勾缝。

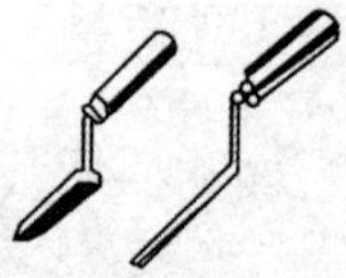

图1-24 抿子

灰板（图1-25）用不易变形的木材制作。勾缝时，用于承托砂浆。

图1-25 灰板

（四）检测工具

以下讲述检测工具的构造特点、性能及用途。

检测工具分为钢卷尺、靠尺、托线板（靠尺板）（弹子板）、塞尺、百格网。

钢卷尺（图1-26）有2m、3m、5m、30m、50m等几种规格。用于测量轴线、墙体和其他构件尺寸等。

图1-26 钢卷尺

靠尺（图1-27）的长度为2~4m，由非常直及平的轻金属或相应的木板制成。与塞尺配合用于检查墙体、构件的平整度等。

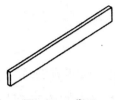

图 1-27　靠尺

托线板（靠尺板）（弹子板）（图 1-28）又称靠尺板或弹子板。用木材或铝合金材制成，长度 2m。用于检查墙面垂直度和平整度。

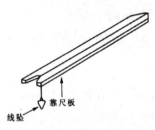

图 1-28　托线板

塞尺（图 1-29）与托线板或靠尺配合使用。用于测定墙、柱垂直平整度的数值偏差。塞尺上每一格表示厚度方向为 1mm。

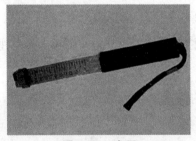

图 1-29　塞尺

百格网（图 1-30）用铁丝编织并锡焊而成，也有在有机玻璃上划格而成。用于检测墙体水平灰缝砂浆饱满度。

图 1-30　百格网

学习笔记

二、技能训练

训练一：砖砌体允许偏差检测方法练习

在一个已有部分砖砌体完成的施工现场，完成以下几个方面的检测，练习检测工具在检查砖砌体中的使用方法。

1. 灰缝厚度的检测

（1）随机测量施工现场 10 块干砖的总厚度为 A（因为理论与实际会有偏差，不能直接取 53cm）；

（2）现场用钢卷尺随机测量 10 皮砖墙（含 10 个灰缝）的厚度 B；

（3）C＝（B－A）/10；

（4）判断合格标准：当 C 值在 8~12mm 为合格。

2. 墙面平整度的检测

用 2m 靠尺和楔形塞尺检测：

（1）随机抽取某墙面位置，用 2m 靠尺靠上。

（2）看墙面与靠尺之间有无缝隙。

（3）有缝隙用塞尺塞进，读出塞尺缝隙厚度。

（4）清水墙、柱允许偏差±5mm，混水墙、柱允许偏差±8mm，判断此点是否合格。

3. 墙面垂直度的检测

用 2m 托线板检查：

（1）随机抽取某墙面位置，用 2m 托线板靠上，其线锤自然下垂。

（2）量出下端锤线与托线板中线的距离。

（3）每层墙的允许偏差为±5mm，判断此点是否合格。

4. 砂浆饱满度的检测

（1）随机翻取砖墙某砖块。

（2）用百格网覆盖，数其砂浆的粘结痕迹格数。

（3）每处检测 3 块砖，取其平均值。

（4）看砌体水平灰缝的砂浆饱满度是否大于 80%，判断此点是否合格。

任务 1-2 砌筑机械设备简介

知识目标：通过本任务的学习与实训，了解相应机械设备、脚手架的性能和用途。

技能目标：能根据工程情况，选用相应的机械设备。

一、知识点

（一）搅拌机械

1. 砂浆搅拌机

砂浆搅拌机是砌筑工程中的常用机械，用于搅拌砂浆。根据搅拌方式可分为卧式、立式和滚筒式三种。不同厂家生产的搅拌机规格有所不同，有 200L、350L、500L、1000L 等多种规格，可根据实际情况选用（见图 1-31）。

       (a)   (b)   (c)

图 1-31 砂浆搅拌机

（a）卧式砂浆搅拌机；（b）立式砂浆搅拌机；（c）滚筒式砂浆搅拌机

2. 砂浆搅拌机操作规程

（1）作业前检查搅拌机的转动情况是否良好，安全装置、防护装置等均应牢固可靠，操作灵活。

（2）砂浆搅拌机启动后先经空机运转，检查搅拌叶旋转方向是否正确，先加水后加料进行搅拌操作。

11

学习笔记

（3）砂浆搅拌机运转中不得用手或木棒等伸进搅拌料斗内或在料斗口清理灰浆。

（4）操作中，应观察机械运转情况，当有异常或轴承温升过高等现象时，应停机检查。操作中如发生故障不能运转需检修时，应先切断电源，将搅拌料斗内灰浆倒出，进行检修，排除故障。不得用工具撬动等危险方法，强行机械运转。

（5）搅拌机的搅拌叶片与搅拌料斗底及侧壁的间隙，应经常检查并确认符合规定，当间隙超过标准时，应及时调整。当搅拌叶片磨损超过标准时，应及时修补或更换。

（6）作业完毕，做好搅拌机内外的清洗和搅拌机周围清理工作，切断电源，搅拌机开关打闭锁，挂停电牌；检修搅拌机时，开关处挂"正在检修，禁止送电"牌，并派专人监视。

（7）搅拌机的停放位置应选择平整坚实的场地，搅拌机安装应平稳牢固。

（8）砂浆搅拌机操作中边加料边加水，不能加入料后再启动，投料不准超过额定容量。加料时，工具不能碰撞搅拌机，更不能在运转中把工具伸进搅拌机内扒料。

（9）砂浆搅拌机的料斗内不能进入杂物，清除杂物时必须停机进行。

（10）工作完毕要将搅拌机清洗干净，转动部分注入润滑油，清理时不得使电机及电器受潮。

3. 使用要求

1）现场拌制的砂浆应随拌随用，拌制的砂浆应在 3h 内使用完毕；当施工期间最高气温超过 30℃时，应在 2h 内使用完毕。预拌砂浆及蒸压加气混凝土砌块专用砌筑浆的使用时间应按照厂方提供的说明书确定。

2）砌体结构工程使用的湿拌砂浆，除直接使用外必须储存在不吸水的专用容器中，并根据气候条件采取遮阳、保温、防雨雪等措施，砂浆在储存过程中严禁随意加水。如砂浆出现泌水现象，应在砌筑前再次拌合。

（二）垂直运输机械

1. 井架

井架是砌筑工程垂直运输的常用设备之一，是一种带起重臂和内盘的井架。起重臂的起重能力为 5—20kN。井架的特点是：稳定性好，运输量大，可以搭设较高高度。近几年来各地对井架的搭设和使用有许多新方式，除了常用的木井架、钢管井架，型钢井架等外，所有多立杆式脚手架的杆件和框式脚手架的框架，都可用搭设不同形式和不同井孔尺寸的单孔或多孔井架。有的工地在单孔井架使用中，除了设置内吊盘外，还在井架两侧增设一个或两个外吊盘，分别用两台或三台卷扬机提升，同时运行，大大增加了运输量。（见图 1-32）。

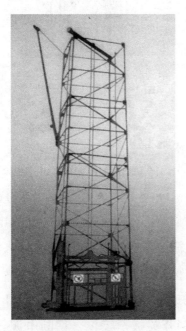

图 1-32

2. 龙门架

由两根立杆和横梁构成门式架。与吊篮、卷扬机共同工作，用于砌筑材料垂直运输。龙门架最大的优点是可全方位移动性，可快速拆卸安装，占地面积小，用微型汽车就可转移到另一个场地安装使用。

宽度、高度可分级调节，钢架构设计合理，能承受 100~5 000kg 重量。尤其适用于车间设备的安装、搬运、调试。（见图 1-33）。

图 1-33　龙门架提升机

3. 附壁式升降机（施工电梯）

又叫附墙外用电梯。它是由垂直井架和导轨式外用笼式电梯组成，用于高层建筑的施工。该设备除载运工具和物料外，还可载人上下，架设安装比较方便，操作简单，使用安全。外用电梯在安装和拆除前，必须编制专项施工方案，必须由有相应资质的队伍来施工。当配重碰到下面缓冲弹簧时，梯笼顶离天轮架的距离不小于 300mm。司机应熟知电梯的保养、检修知识，按规定对电梯进行日常保养。作业后，将电梯降到底层，各控制开关扳至零位，切断电源，锁好配电箱和梯门。（见图 1-34）

4. 塔式起重机（塔吊）

由竖直塔身、起重臂、平衡臂、基座、卷扬机及电器设备等组成。能回转 360°并且有较高的起重高度，可形成一个很大的工作空间，是垂直运输机械中工作效能较好的设备。塔式起重机有固定和行走两类。动臂装在高耸塔身上部的旋转起重机。主要用于房屋建筑施工中物料

图 1-34　附壁式升降机

的垂直和水平输送及建筑构件的安装。由金属结构、工作机构和电气系统三部分组成。金属结构包括塔身、动臂和底座等。工作机构有起升、变幅、回转和行走四部分。电气系统包括电动机、控制器、配电柜、连接线路、信号及照明装置等。（见图 1-35）

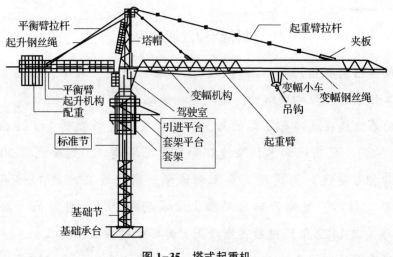

图 1-35　塔式起重机

二、技能训练

训练一：参观某建筑工地收集相关资料

1. 记下某建筑工地砂浆搅拌机的型号，完整地记录一次砂浆搅拌过程。

2. 根据参观情况描述你所见到的井架构造。

3. 根据参观情况描述你所见到的脚手架构造。

学习情境一 复习思考题

1. 常用的砌筑工具有哪几类？

2. 常用砖砌体质量检测工具有哪些？它们各自检测什么内容？

3. 皮数杆上应表示哪些内容？皮数杆有什么作用？

4. 砌筑工程常见的有哪些垂直运输机械？

知识拓展

砌体结构发展简史

砌体结构原指用砖、石材和砂浆砌筑的结构，故称砖石结构，由于在工程中已采用砌块结构，故统称砌体结构。

砖石结构在我国有悠久的历史。考古发掘资料表明，（约6000—4500年前），已有地面木构架建筑和木骨泥墙建筑。到公元前20世纪时（约相当夏代）则发现有夯土的城墙。商代（公元前1783年—前1122年）以后，逐渐开始采用黏土做成的版筑墙。自殷商（公元前1388年—前1122年）以后逐渐改用日光晒干的黏土砖（土坯）来砌筑墙。到西周时期（公元前1134年周武王继位，至公元前1122年纣王兵败自杀，商亡，直至公元前771年）已有烧制的瓦。在战国时期（一种说法为周元王元年即公元前475年，至秦始皇统一中国，即公元前221年，这样与春秋时期衔接起来）的墓中发现有烧制的大尺寸空心砖，这种空心砖盛行于西汉（公元前206年—公元8年），但由于制造复杂，至东汉（公元25—219年）末年似已不再生产。六朝时，（实心）砖的使用已很普遍，有完全用砖造成的塔。

石料在我国的应用是多方面的。我们的祖先曾用石料雕刻成各种建筑装饰用的浮雕，用石料建造台基和制作栏杆，也采用石料砲筑建筑物。

琉璃瓦的制造始于北魏（公元336—534年）中叶。到明代，（公元1368—1644年）又在瓦内掺入陶土以提高其强度。同时琉璃砖的生产亦自明代开始有较大的发展。

我国拱券建筑最早用于墓葬，虽说洛阳北郊东周墓中已有发现，但非正式记载。根据现有资料和实物证明，早在西汉中期已采用。

砖砌体大多用于建筑物中承受垂直荷载的部分，如墙、柱、桥墩和基础等。洞口上的结构通常用整块的大石跨过，约在公元前3000年才开始建造拱券。

早期砖石砌体的体积都是很大的。为了节约材料和减轻砌筑工作量，要求减小构件的截面尺寸。因此，对砌筑材料提出较高的要求，但是改进和发展的过程还是很缓慢的。

水泥发明后，有了高强度的砂浆，进一步提高了砖石结构的质量，促进了砖石结构的发展。19世纪在欧洲建造了各式各样的砖石建筑物，特别是多层房屋。

我国早期建筑采用木结构的构架，墙壁仅作填充防护之用。鸦片战争后，我国建筑受到欧洲建筑的影响，开始采用砖墙承重。这时砖石砌体已成为工程结构中不可分割的一环。研究和确定其计算方法，自是必然的趋势。

砌体结构在我国的发展过程大致如下：

第一阶段：在到19世纪中叶以前，清朝（1644—1911年）末年，我国的砖石建筑主要为城墙、佛塔和少数砖砌重型穹拱佛殿以及石桥和石拱桥等。我国古代劳动人民在这些建筑方面取得了相当高的成就。我国历史上有名的工程——万里长城（图1-36），它是古代劳动人民勇敢、智慧与血汗的结晶。长城原为春秋（春秋时期一般说法为周平王元年即公元前770年至周敬王44年即公元前476年）、战国时期各国诸侯为了互相防御，在形势险要处修建的城墙。秦始皇统一全国后为了防御北方匈奴的南侵，于公元前214年，将秦、赵、燕三国的北边长城，予以修缮、连贯为一。秦长城故址西起临洮（甘肃岷县）、北傍阴山、东至辽东。明代（1368—1644年）为了防御鞑靼瓦剌族的侵扰，自洪武年（1368—1398年）至万历（1572—1620年），前后修筑长城达18次，西起嘉峪关，东至山海关，称为"边墙"。宣化、大同二镇之南，直隶、山西界上，并筑有内长城称为"次边"，总长6 700km，称"万里长城"。明长城大部分至今仍基本完好。旧长城原为黏土拌合乱石建造的。现在河北、山西北部的长城在明代中叶改用大块精制城砖重建。根据近三十多年来考证，明辽东镇（明九边之一）长城，从山海关起向东，再折向东北迤逦曲折至镇北关，转而向南延伸至鸭绿江边，建造为石砌城墙，称为辽东镇长城，长约1 050km。这段长城明显是明代防御后金（1636年改国号为清）而筑，清代讳之，险被湮没。

图1-36　万里长城

隋代（公元581—617年）李春所造的河北赵县安济桥（图1-37），距今已约1 400年，净跨为37.02m，宽约9m，为单孔敞肩式石拱桥，外形十分美观。据考证，该桥实为世界上最早的敞肩式拱桥。

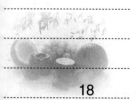

拱上开洞，既可节约石材，又可减轻洪水期的水压力，故它无论在材料的使用上、结构受力上、还是艺术造型上和经济上，都达到了高度的成就。1991年安济桥被美国土木工程师学会（ASCE）选为第12个国际历史上土木工程里程碑，这对弘扬我国历史文物具有重要意义。

我国古桥分布区域很广，在浙江省绍兴市（包括市区、绍兴县、新昌县、嵊州市、诸暨市、上虞市）最为集中，尤以市区为最。现全绍兴市共存古桥604座，其中宋（960—1279年）及以前13座，元（1279—1368年）、明（1368—1644年）41座和清（1644—1911年）550座。现存最早的石拱桥则始建于东晋年间（317—419年）。据清光绪十九年（1893年）绘制的《绍兴府城街路图》所示，绍兴市区每1km² 面积内桥梁数较有"东方威尼斯"之称的江苏苏州多一倍，较威尼斯和德国桥市汉堡都多很多。据1993年底统计，绍兴市拥有10 610座桥（包括新建桥），故绍兴有"万桥市"之称。

图1-37　安济桥

第二阶段：19世纪中叶以后至新中国成立前大致100年左右的时期内，我国广泛采用承重墙，但砌体材料主要仍是黏土砖。这一阶段对砌体结构的设计系按容许应力法粗略进行估算，而对静力分析则缺乏较正确的理论依据。

纵观历史可见，尽管我国劳动人民对砖石建筑作出了伟大的贡献，但由于在封建制度和后来在半封建、半殖民地制度的束缚下，不可能很好地总结提高和进行必要的科学研究，因此在前两个阶段里，虽然

学习笔记

经过漫长的岁月，砌体结构的实践和理论的发展却是极缓慢的。

第三阶段：新中国成立以后，砌体结构有了较快的发展。这可分为三个方面。

（1）在原有基础上的发展。如石砌拱桥的跨度已显著加大，厚度减薄，同时桥的高度和承载力都有了很大的提高，并广泛采用砖砌多层房屋代替钢筋混凝土框架建筑；改进非承重的空斗墙为承重墙，用来建造2~4层（少数达5层）房屋。在这一历史阶段起了节约用砖，也即节约烧砖占用农田的作用。因地制宜地扩大了石结构的应用范围等等。

在21世纪以前，我国建成的跨度为100~120m的石拱桥已有10座。这10座桥的跨度都超过1904年的石拱桥原世界纪录，跨度为90m的德国Syratal桥。2001年，在山西晋城至河南焦作的高速公路上建造的新的丹河石拱桥，其主跨度为146m（图1-38）。该桥的建成，将石料在桥梁结构中的利用推向一个崭新的水平。这表明我国石拱桥建设居于世界领先地位。

图1-38　146m跨新丹河石拱桥

（2）新的发展，这包括新结构、新材料和新技术的采用。在新结构方面，曾研究和建造了各种形式的砖薄壳。在新材料方面，如硅酸盐和泡沫硅酸盐砌块、混凝土空心砌块和各类大板以及各种承重和非承重空心砖的采用和不断改进。在新技术方面，如采用振动砖（包括空心砖）墙板及各种配筋砌体，包括预应力空心砖楼板等等。

20 世纪 60—70 年代，混凝土小型砌块在我国南方城乡得到推广和应用，并取得显著的社会和经济效益。这也是替代实心黏土砖的有效措施之一。改革开放后迅速由乡镇推向城市，由南方推向北方，由低层推向中、高层，从单一功能发展到多功能，如承重、保温、装饰块等。20 世纪 70 年代后在重庆用砖和混凝土砌块砌筑了高层住宅，局部达 12 层，但只 1~4 层采用了混凝土砌块承重内墙。据 1996 年统计，全国砌块总产量 2 500 万块，砌块建筑面积 5 000 万 m²，每年以 20% 的速度递增，1998 年统计已达 3 500 万块，各类砌块建筑总面积达 8 000 万 m²。砌块建筑在节土、节能、利废等方面取得了巨大的社会和经济效益。

1983 年、1986 年广西南宁已修建了配筋砌块 10 层住宅楼和 11 层办公楼试点房屋，但由于 MU20 高强混凝土砌块的生产工艺没有解决，未能推广。1997 年在辽宁盘锦修建了 15 层配筋砌块剪力墙点式住宅楼，所用 MU20 砌块是用从美国引进的砌块成型机生产的。1998 年上海建成一栋配筋（小型）砌块剪力墙 18 层塔楼——园南新村。MU20 混凝土砌块也是用美制设备生产的。这标志着我国配筋混凝土砌块高层建筑已达到国际先进水平，这也必然推动混凝土砌块多、中、高层建筑的发展。21 世纪初在哈尔滨阿继科技园建成的两栋 18 层高层住宅楼，是用 190mm 和 90mm 宽的混凝土小型空心砌块，作内外壁中空 100mm 填以 80mm 厚苯板的空腔墙（cavity wall），该楼房也是我国北方寒冷地区采用普通混凝土小型空心砌块的高层建筑试点工程。黑龙江省还制订了地方标准《普通混凝土小型空心砌块夹心苯板复合墙体建筑技术规程》DB 23/T 698—2001，以利推广这种墙体。

唐山市地震后大面积建造大板房屋，在这种建筑中，内墙采用 140mm（内横墙）和 160mm（内纵墙）厚、强度等级为 C15 的混凝土现浇大板；外墙采用由 C10 加气混凝土及混凝土组成的预制复合大板，总厚度为 280mm。为了提高房屋的抗震能力，在混凝土板内采用较多的构造钢筋。采用这种形式的大板也是墙体改革的另一项措施。

采用承重空心黏土砖也是取代实心黏土砖的一个途径。南京市曾用承重空心砖建成8层旅馆建筑，其中1~4层墙厚为300（实际290）mm，5~8层墙厚200（实际190）mm。由于砖的厚度减薄，墙体重量减轻，达到了较好的经济效益，同时房间使用面积也有所增大。

十一届三中全会后，在我国城市和农村兴建了大量的混合结构居住房屋，大大改善了我国人民的居住条件。我们既需要重视住宅的新建，也应重视对旧房屋的改造和利用，合理挖潜，贯彻新建和改造相结合的方针。进入21世纪以来，我国一些地区推广、应用了混凝土普通砖和混凝土多孔砖，以取代实心黏土砖，这也是墙体改革的一种新举措。

（3）逐步建立了具有我国特色的砌体结构设计计算理论。如根据大量试验和调查研究资料，提出砌体各种强度计算公式，偏心受压构件连续的（即不分大小——偏心受压）计算公式和考虑风荷载下房屋空间工作的计算方法等等。1973年制订了适合我国情况并反映当时国际先进水平的《砖石结构设计规范》GBJ 3-73；1988年进行了修订，颁布了《砌体结构设计规范》GBJ 3-88（该规范中包括砌块结构，故改称《砌体结构设计规范》）。在这本规范中，采用以近似概率为理论基础的、各种结构统一的极限状态设计方法，并做了如下几个方面的修改：将各种砌体强度计算公式统一，将偏心受压承载力计算中三个系数综合为一个系数，改进了局部受压计算，将考虑房屋空间工作计算推广于多层房屋，提出墙梁和挑梁的新计算方法等。同时我国和国际标准化组织砌体技术委员会（ISO/TC179）建立了紧密的联系和合作，并担任了配筋砌体的秘书国。在2001年，我国对《砌体结构设计规范》GBJ 3-88进行了修订，并颁布了《砌体结构设计规范》GB 50003-2001。2011年我国又对GB 50003—2001进行修订，颁布了《砌体结构设计规范》GB 50003-2011，这是当前国际上最先进的砌体结构设计规范之一。

砖石结构在国外也有悠久的历史。在古代，国外也有许多宏伟的

建筑物。在欧洲，大约在8 000年前已开始采用晒干的土坯。大约在5 000~6 000年前，已采用经凿琢的天然石。大约在3 000年前，已采用烧制的砖。现存最古老的石建筑为希腊帕特农神庙（图1-39）。

图1-39　希腊帕特农神庙

现存世界最古老的石砖结构系公元前3000年埃及第三王朝第二个国王乔赛尔为自己所修建的陵墓——金字塔。埃及金字塔和我国长城一样，举世闻名。目前已发现约80座金字塔，其中最大的金字塔为吉萨胡夫金字塔（图1-40），高达149.59m，底部为正方形，边长230.25m。吉萨胡夫金字塔近旁还建有著名的斯芬克斯石雕像（狮面人身像）。与吉萨胡夫金字塔齐名的还有齐夫林和孟卡尔金字塔。

图1-40　吉萨胡夫金字塔

古罗马大角斗场建于公元70—82年间，它是一座平面为椭圆形的建筑物（图1-41，长轴为188m，短轴为156m，周长527m，总共有60排座位，可容纳5万~8万人。

图1-41　古罗马大角斗场

著名的意大利比萨斜塔于1350年建成（图1-42）。在比萨马拉尼广场众多建筑中以其建筑造型与和谐风姿而闻名，尤以其倾斜度著称。

图1-42　意大利比萨斜塔

巴黎圣母院于 1250 年建成，宽约 47m，深约 125m，内部可容纳万人（图 1-43）。

图 1-43　巴黎圣母院

君士坦丁堡（今土耳其伊斯坦布尔）圣索菲亚大教堂建于公元 532—537 年。平面为长方形，东西长 77.0m，南北长 71.7m，中间部分屋盖高 15m，整个屋盖由一个直径为 32.6m 的圆形穹窿和前后各一个半圆形穹窿组合而成（图 1-44）。

图 1-44　圣索菲亚大教堂

印度泰吉·玛哈尔陵（即泰姬陵）建于1631—1653年，是伊斯兰建筑的精品，被称为印度古建筑的明珠（图1-45）。

图1-45　泰姬陵

柬埔寨吴哥寺（又称吴哥窟）为高棉国王苏耶跋摩二世（1113—1150年在位）时所建，是柬埔寨古代石建筑和石刻艺术的代表作（图1-46）。

图1-46　柬埔寨吴哥寺

学习情境二　砌筑砂浆

学习指南：

本学习情境主要是学习砌筑砂浆的基本知识及砂浆现场检验的方法。

知识目标： 通过本任务的学习，掌握砂浆原材料的要求、砂浆技术条件、砂浆拌制及使用，砌筑砂浆质量检查。

技能目标： 1. 能够检查砂浆原材料质量。

2. 能够检查砂浆质量。

一、知识点

（一）砂浆

砂浆在砌体中的作用是将块材连成整体并使应力均匀分布，保证砌体结构的整体性。此外，由于砂浆填满块材间的缝隙，减少了砌体的透气性，提高了砌体的隔热性及抗冻性。

砂浆按其组成材料的不同，分为水泥砂浆、混合砂浆和石灰砂浆。水泥砂浆具有强度高、耐久性好的特点，但保水性和流动性较差，适用于潮湿环境和地下砌体。混合砂浆具有保水性和流动性较好、强度较高、便于施工而且质量容易保证的特点，是砌体结构中常用的砂浆。石灰砂浆具有保水性、流动性好的特点，但强度低、耐久性差，只适用于临时建筑或受力不大的简易建筑。

砂浆的强度等级是用龄期为 28d 的边长为 70.7 mm 立方体试块所测得的极限抗压强度平均值来确定的，用符号"M"表示，单位为 MP_a（N/mm^2）。

砂浆强度等级分为 M15、M10、M7.5、M5 和 M2.5 5 个等级。验算施工阶段砌体结构的承载力时，砂浆强度值取为 0。

当采用混凝土小型空心砌块时，应采用与其配套的砌块专用砂浆（用"Mb"表示）和砌块灌孔混凝土（用"Cb"表示）。

砌块专用砂浆强度等级有 Mb15、Mb10、Mb7.5 和 Mb5 4 个等级，砌块灌孔混凝土与混凝土强度等级等同。

（二）原材料要求

1. 水泥：水泥的强度等级应根据设计要求进行选择。水泥砂浆采用的水泥，其强度等级不宜大于 32.5 级；水泥混合砂浆采用的水泥，其强度等级不宜大于 42.5 级。

2. 砂：砂宜用中砂，其中毛石砌体宜用粗砂。砂的含泥量：对水泥砂浆和强度等级不小于 M5 的水泥混合砂浆不应超过 5%；强度等级小于 M5 的水泥混合砂浆，不应超过 10%。

3. 石灰膏：生石灰熟化成石灰膏时，应用孔径不大于 3mm×3mm 的网过滤，熟化时间不得少于 7d；磨细生石灰粉的熟化时间不得小于 2d。沉淀池中贮存的石灰膏，应采取防止干燥、冻结和污染的措施。配制水泥石灰砂浆时，不得采用脱水硬化的石灰膏。

4. 黏土膏：采用黏土或粉质黏土制备黏土膏时，宜用搅拌机加水搅拌，通过孔径不大于 3mm×3mm 的网过筛。用比色法鉴定黏土中的有机物含量时应浅于标准色。

5. 电石膏：制作电石膏的电石渣应用孔径不大于 3mm×3mm 的网过滤，检验时应加热至 70℃并保持 20min，没有乙炔气味后，方可使用。

6. 粉煤灰：粉煤灰的品质指标应符合表 2-1 的要求。

7. 磨细生石灰粉：磨细生石灰粉的品质指标应符合表 2-2 的要求。

表 2-1　粉煤灰品质指标

序	指标	级别		
		I	II	III
1	细度（0.045mm 方孔筛筛余）,%不大于	12	20	45
2	水量比,%不大于	95	105	115
3	烧失量,%不大于	5	8	15
4	含水量,%不大于	1	1	不规定
5	三氧化硫,%不大于	3	3	3

表 2-2　建筑生石灰粉品质指标

序	指标		钙质生石灰粉			镁质生石灰粉		
			优等品	一等品	合格品	优等品	一等品	合格品
1	CaO+MgO 含量,%不小于		85	80	75	80	75	70
2	CO_2 含量,%不大于		7	9	44	8	10	12
3	细度	0.90mm 筛筛余%不大于	0.2	0.5	1.5	0.2	0.5	1.5
		0.125mm 筛筛余%不大于	7.0	12.0	18.0	7.0	12.0	8.0

8. 水：水质应符合现行行业标准《混凝土拌合用水标准》JCJ 63 的规定。

9. 外加剂：凡在砂浆中掺入有机塑化剂、早强剂、缓凝剂、防冻剂等，应经检验和试配符合要求后，方可使用。有机塑化剂应有砌体强度的型式检验报告。

（三）砂浆技术条件

砌筑砂浆的强度等级宜采用 M20、M15、M10、M7.5、M5、M2.5。

水泥砂浆拌合物的密度不宜小于 1 900kg/m³；水泥混合砂浆拌合物的密度不宜小于 1 800kg/m³。

砌筑砂浆的稠度应按表 2-3 的规定选用。

表 2-3　砌筑砂浆的稠度

砌体种类		砂浆稠度（mm）	砌体种类	砂浆稠度（mm）
烧结普通砖砌体		70-90	烧结普通砖平拱式过梁空斗墙、筒拱	50-70
轻骨料混凝土小型空心砌块砌体		60-90	普通混凝土小型空心砌块砌体加气混凝土砌块砌体	
烧结多孔砖、空心砖砌体		60-80	石砌体	30-50

砌筑砂浆的分层度不得大于 30mm。

水泥砂浆中水泥用量不应小于 200kg/m³；水泥混合砂浆中水泥和掺加料总量宜为 300~350kg/m³。

具有冻融循环次数要求的砌筑砂浆，经冻融试验后，质量损失率不得大于 5%，抗压强度损失率不得大于 25%。

（四）砂浆拌制及使用

砌筑砂浆应采用砂浆搅拌机进行拌制。砂浆搅拌机可选用活门卸料式、倾翻卸料式或立式，其出料容量常用 200L。搅拌时，各组成材料应采用重量比，称量允许误差为：水泥、掺加料为 2%，砂为 3%。

搅拌时间从投料完算起，应符合下列规定：

1. 水泥砂浆和水泥混合砂浆，不得少于 2min。

2. 水泥粉煤灰砂浆和掺用外加剂的砂浆，不得少于 3min。

3. 掺用有机塑化剂的砂浆，应为 3~5min。

拌制水泥砂浆，应先将砂与水泥干拌均匀，再加水拌合均匀。

拌制水泥混合砂浆，应先将砂与水泥干拌均匀，再加掺加料（石灰膏、黏土膏）和水拌合均匀。

拌制水泥粉煤灰砂浆，应先将水泥、粉煤灰、砂干拌均匀，再加水拌合均匀。

掺用外加剂时，应先将外加剂按规定浓度溶于水中，在拌合水投入时投入外加剂溶液，外加剂不得直接投入拌制的砂浆中。

砂浆拌成后和使用时，均应盛入贮灰器中。如砂浆出现泌水现象，应在砌筑前再次拌合。

砂浆应随拌随用。水泥砂浆和水泥混合砂浆必须分别在拌成后 3h 和 4h 内使用完毕；当施工期间最高气温超过 30℃时，必须分别在拌成后 2h 和 3h 内使用完毕。对掺用缓凝剂的砂浆，其使用时间可根据具体情况延长。

（五）砂浆强度增长关系

普通硅酸盐水泥拌制的砂浆强度增长关系见表 2-4（仅作参考）。

表 2-4　用 32.5 级、42.5 级普通硅酸盐水泥拌制的砂浆强度增长关系

龄期 (d)	不同温度下的砂浆强度百分率（%）（以在 20℃时养护 28d 的强度为 100%）							
	1℃	5℃	10℃	15℃	20℃	25℃	30℃	35℃
1	4	6	8	11	15	19	23	25
3	18	25	30	36	43	48	54	60
7	38	46	54	62	69	73	78	82
10	46	55	64	71	78	84	88	92
14	50	61	71	78	85	90	94	98
21	55	67	76	85	93	96	102	104
28	59	71	81	92	100	104	–	–

矿渣硅酸盐水泥拌制的砂浆强度增长关系见表 2-5 及表 2-6（仅作参考）。

表 2-5　用 32.5 级矿渣硅酸盐水泥拌制的砂浆强度增长关系

龄期 (d)	不同温度下的砂浆强度百分率（%）（以在 20℃时养护 28d 的强度为 100%）							
	1℃	5℃	10℃	15℃	20℃	25℃	30℃	35℃
1	3	4	5	6	8	11	15	18
3	8	10	13	19	30	40	47	52
7	19	25	33	45	59	64	69	74

续表

龄期	不同温度下的砂浆强度百分率（%）（以在20℃时养护28d的强度为100%）							
(d)	1℃	5℃	10℃	15℃	20℃	25℃	30℃	35℃
10	26	34	44	57	69	75	81	88
14	32	43	54	66	79	87	93	98
21	39	48	60	74	90	96	100	102
28	44	53	65	83	100	104	—	—

表 2-6　用 42.5 级矿渣硅酸盐水泥拌制的砂浆强度增长关系

龄期	不同温度下的砂浆强度百分率（%）（以在20℃时养护28d的强度为100%）							
(d)	1℃	5℃	10℃	15℃	20℃	25℃	30℃	35℃
1	3	4	6	8	11	15	19	22
3	12	18	24	31	39	45	50	56
7	28	37	45	54	61	68	73	77
10	39	47	54	63	72	77	82	86
14	46	55	62	72	82	87	91	95
21	51	61	70	82	92	96	100	104
28	55	66	75	89	100	104	—	—

（六）砌筑砂浆质量验收

砌筑砂浆试块强度验收时其强度合格标准必须符合以下规定：

同一验收批砂浆试块抗压强度平均值必须大于或等于设计强度等级所对应的立方体抗压强度；同一验收批砂浆试块抗压强度的最小一组平均值必须大于或等于设计强度所对应二方体抗压强度的 0.75 倍。

抽检数量：每一检验批且不超过 250m³ 砌体的各种类型及强度等级的砌筑砂浆，每搅拌机应至少抽检一次。

检验方法：在砂浆搅拌机出料口随机取样制作砂浆试块（同盘砂浆只应制作一组试块，最后检查试块强度试验报告单。

当施工中或验收时出现下列情况，可采用现场检验方法对砂浆和

砌体强度进行原位检测或取样检测，并判定其强度：

1. 砂浆试块缺乏代表性或试块数量不足；

2. 对砂浆试块的试验结果有怀疑或有争议；

3. 砂浆试块的试验结果，不能满足设计要求。

二、技能训练

训练一：施工现场抽样检查砂的含泥量

1. 施工现场目测砂的含泥量。

2. 施工现场取样到实验室测定砂的含泥量。

训练二：人工拌制 M5.0 砌筑砂浆

1. 准备材料、工具。

2. 根据试验室提供的配合比，制作配合比指示牌悬挂于操作地点。

3. 拌制：

（1）将各种原材料过秤，精度在规定范围内（注：砂以中砂为宜，用前要过 5mm 孔径的筛，水泥标号符合设计要求）。

（2）在灰盘上先将砂子和水泥干拌均匀。

（3）在其中间扒一个"坑"将石灰膏和水倒进坑中。

（4）用铁锹将水泥砂子同石灰拌和均匀。

学习情境二　复习思考题

1. 简述砂浆的分类、特点、用途。

2. 砂浆的强度等级是怎样划分的？有几个强度等级？

3. 对砂浆的原材料要求有哪些？

4. 拌制和使用砂浆应注意什么？

5. 怎样进行砂浆强度检验？

学习笔记

学习笔记

知识拓展

砌体结构类型

由块体和砂浆砌筑而成的整体材料称为砌体。根据砌体的受力性能分为无筋砌体结构、约束砌体结构和配筋砌体结构。

一、无筋砌体结构

由无筋或配置非受力钢筋的砌体结构，称为无筋砌体结构。常用的无筋砌体结构有砖砌体、砌块砌体和石砌体结构。

1. 砖砌体结构

它是由砖砌体制成的结构，视砖的不同分为烧结普通砖、烧结多孔砖、混凝土砖、混凝土多孔砖和非烧结硅酸盐砖砌体结构。

砖砌体结构的使用面广。根据现阶段我国墙体材料革新的要求，实行限时、限地禁止使用黏土实心砖。对于烧结黏土多孔砖，应认识到它是墙体材料革新中的一个过渡产品，其生产和使用亦将逐步受到限制。

2. 砌块砌体结构

它是由砌块砌体制成的结构。我国主要采用普通混凝土小型空心砌块砌体和轻骨料混凝土小型空心砌块砌体，是替代黏土实心砖砌体的主要承重砌体材料。当其采用混凝土灌孔后，又称为灌孔混凝土砌块砌体。在我国，混凝土砌块砌体结构有较大的应用空间和发展前途。

3. 石砌体结构

它是由石砌体制成的结构，根据石材的规格和砌体的施工方法的不同分为料石砌体、毛石砌体和毛石混凝土砌体。石砌体结构主要在石材资源丰富的地区采用。

二、配筋砌体结构

它是由配置钢筋的砌体作为主要受力构件的结构，即通过配筋使钢筋在受力过程中强度达到流限的砌体结构。国内外普遍认为配筋砌体结构构件的竖向和水平方向的配筋率均不应小于0.07%。如配筋混凝土砌块砌体剪力墙，具有和钢筋混凝土剪力墙类似的受力性能。有的还提出竖向和水平方向配筋率之和不小于0.2%，可称为全配筋砌体结构。配筋砌体结构具有较高的承载力和延性，改善了无筋砌体结构的受力性能，扩大了砌体结构的应用范围。

三、约束砌体结构

通过竖向和水平钢筋混凝土构件约束砌体的结构，称为约束砌体结构。最为典型的是在我国广为应用的钢筋混凝土构造柱-圈梁形成的砌体结构体系。它在抵抗水平作用时墙体的极限水平位移增大，从而提高墙的延性，使墙体裂而不倒。其受力性能介于无筋砌体结构和配筋砌体结构之间。对于这种结构，如果按照提高墙体的抗压强度或抗剪强度要求设置加密的钢筋混凝土构造柱，则属配筋砌体结构，这是我国对构造柱作用的一种新发展。

四、我国采用的配筋砌体结构

在我国得到广泛应用的配筋砌体结构有下列三类。

1. 网状配筋砖砌体构件

在砖砌体的水平灰缝中配置钢筋网片的砌体承重构件，称为网状配筋砖砌体构件，亦称为横向配筋砖砌体构件［图2-1（a）］，主要用作承受轴心压力或偏心距较小的受压的墙、柱。

2. 组合砖砌体构件

由砖砌体和钢筋混凝土或钢筋砂浆组成的砌体承重构件，称为组合砖砌体构件。工程上有两种形式，一种是采用钢筋混凝土作面层或钢筋砂浆作面层的组合砌体构件［图2-1（b）］，可用作偏心距较大的偏心受压墙、柱。另一种是在墙体的转角、交接处并沿墙长每隔一定的距离设置钢筋混凝土构造柱而形成的组合墙［图2-1（c）］，构造柱除约束砌体，还直接参与受力，较无筋墙体的受压、受剪承载力有一定程度的提高，可用作一般多层房屋的承重墙。

3. 配筋砌块砌体构件

在混凝土小型空心砌块砌体的孔洞内设置竖向钢筋和在水平灰缝或砌块内设置水平钢筋，并用灌孔混凝土灌实的砌体承重构件，称为配筋混凝土砌块砌体构件［图2-1（d）］，对于承受竖向和水平作用

学习笔记

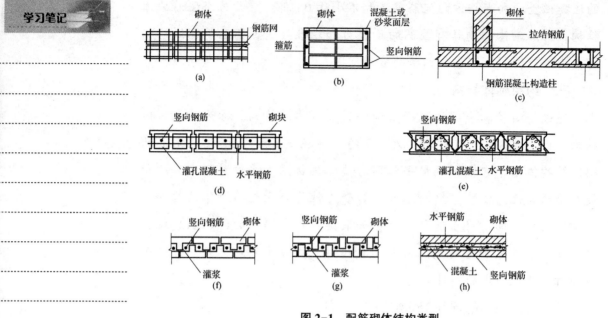

图 2-1　配筋砌体结构类型

的墙体，又称为配筋混凝土砌块砌体剪力墙。其砌体采用专用砂浆——混凝土小型空心砌块砌筑砂浆砌筑，在砌体的水平灰缝（水平钢筋直径较细时）或凹槽砌块内（水平钢筋直径较粗时）设置水平钢筋，在砌体的竖向孔洞内插入竖向钢筋，最后在设置钢筋处采用专用混凝土——混凝土小型空心砌块灌孔混凝土灌实。配筋混凝土砌块砌体剪力墙具有良好的静力和抗震性能，是多层和中高层房屋中一种有竞争力的承重结构。

五、国外采用的配筋砌体结构

国外的配筋砌体结构类型较多，除用作承重墙和柱外，还在楼面梁、板中得到一定的应用。此外，对预应力砌体结构的研究和应用也取得了许多成绩。用于墙、柱的配筋砌体结构可概括为两类。由于国外空心砖和砌块的种类多、应用较普及，除采用上述配筋混凝土砌块砌体结构［图 2-1（d）］外，还可在由块体组砌的空洞内设置竖向钢筋，并灌注混凝土，如图 2-1（f）、（g）所示。其水平钢筋除采用直钢筋外，还有的在水平灰缝内设置桁架形状的钢筋［如图 2-1（e）所示］。上述图 2-1（d）～（g）所示的配筋砌体结构可划为一类，它是在块体的孔洞内或由块体组砌成的空洞内配置竖向钢筋并灌注混凝土而形成的配筋砌体结构。另一类是如图 2-1 (h) 所示的组合墙结构，它由内、外页砌体墙和设在其间的钢筋混凝土薄墙组合而成的配筋砌体结构，大多用作高层建筑的承重墙。

学习情境三　砖砌体工程

学习指南：

本学习情境以多层砖混结构房屋为载体，学习与砖砌体施工相关的知识，并进行相应的技能训练。假定你现在就是本项目的施工员，请你对砖砌体分项工程做一个施工技术交底，做一个质量检查验收的方案，并在施工现场做好施工质量的控制。

任务 3-1　砌筑方法

知识目标： 通过本任务的学习，掌握"三一"砌筑法的步法、手法及其他操作方法。

技能目标： 在实际施工过程中，能够检查砌筑工人砌筑方法的正确与否，从而保证砌筑质量。

一、知识点

（一）块体材料

1. 块体材料

（1）块体材料的种类

块体材料分为人工砖石和天然石材两大类。

人工砖石又分为烧结类砖和非烧结类砖两类。烧结类砖包括烧结普通砖、烧结多孔砖；非烧结类砖常用的有蒸压灰砂砖、蒸压粉煤灰砖、混凝土小型空心砌块等。

烧结普通砖是指以黏土、页岩、煤矸石或粉煤灰为主要原料，经过焙烧而成的实心或孔洞率不大于15%的砖。其规格尺寸为240mm×115mm×53mm，每立方米砌体的标准砖块数量为4×8×16＝512块

烧结多孔砖是指以黏土、页岩、煤矸石或粉煤灰为主要原料，经焙烧而成、孔洞率不小于25%且孔的尺寸小而数量多的砖，简称多孔砖。目前多孔砖分为P型砖和M型砖，P型砖规格为240 mm×115mm×90mm，M型砖规格为190mm×190mm×90mm。

蒸压灰砂砖是指以石灰和砂为主要原料，蒸压粉煤灰砖是指以粉煤灰、石灰为主要原料，加入其他掺合料后，经坯料制备压制成型、蒸压养护而成的实心砖。

混凝土小型空心砌块是指由普通混凝土或轻骨料混凝土制成，其规格尺寸为390 mm×190 mm×190 mm，空心率在25%~50%的空心砌块，简称混凝土砌块或砌块。

天然石材一般多采用花岗岩、砂岩和石灰岩等几种石材。天然石材根据其外形和加工程度可分为料石和毛石两种，料石又分为细料石、半细料石、粗料石和毛料石。

（2）块体材料的强度等级

块体材料的强度等级用符号"MU"表示，由标准试验方法所得的块体极限抗压强度平均值来确定，单位为MPa（N/mm^2）。

《砌体结构设计规范》（GB 50003—2011）（以下简称《砌体规范》）中规定块体强度等级分别为：

烧结普通砖、烧结多孔砖的强度等级：MU30、MU25、MU20、MU15和MU10五个等级；

蒸压灰砂普通砖、蒸压粉煤灰普通砖的强度等级：MU25、MU20、MU15三个等级；

混凝土普通砖、混凝土多孔砖的强度等级：MU30、MU25、MU20、MU15四个等级；

混凝土砌块、轻集料混凝土砌块的强度等级：MU20、MU15、MU10、MU7.5和MU5五个等级；

石材的强度等级：MU100、MU80、MU60、MU50、MU40、MU30 和 MU20 七个等级。

（3）外观质量

烧结普通砖的外观质量应符合表3-1的规定。

表3-1　烧结普通砖外观质量　　　　　　　　单位：mm

项目	优等品	一等品	合格品
（1）两条面高度差不大于	2	3	5
（2）弯曲不大于	2	3	5
（3）杂质凸出高度不大于	2	3	5
（4）缺棱掉角的三个破坏尺寸同时不大于裂纹长度	15	20	30
a. 大面上宽度方向及其延伸至条面长度	70	70	110
b. 大面上长度方向及其延伸至顶面的长度或条顶面上水平裂纹的长度	100	100	150
（5）完整面不得少于	一条面和一顶面	一条面和一顶面	—
（6）颜色	基本一致	—	—

注：凡有下列缺陷之一者，不得称为完整面：

1. 缺损在条面或顶面上造成的破坏面尺寸同时大于 10mm×10mm；

2. 条面或顶面上裂纹宽度大于 1mm，其长度超过 30mm；

3. 压陷、粘底、焦花在条面或顶面上的凹陷或凸出超过 2mm，区域尺寸同时大于 10mm×10mm。

（二）"三一"砌筑法

1. "三一"操作法的三个步骤

所谓"三一"砌筑法是指一铲灰、一块砖、一揉挤这三个"一"的动作过程。

（1）铲灰取砖

如前所述，理想的操作方法是将铲灰和取砖合为一个动作进行。先是右手利用工具勾起侧码砖的顶面，左手随之取砖，右手再铲灰。

拿砖时就要看好下一块砖，以确定下一个动作的目标，这样有利于提高工效。铲灰量凭操作者的经验和技艺来确定，以一铲灰刚好能砌一块砖为准。

（2）铺灰

砌条砖铺灰采取正铲甩灰和反扣两个动作。甩的动作应用于砌筑离身较远且工作面较低的砖墙，甩灰时握铲的手利用手腕的挑力，将铲上的灰拉长而均匀地落在操作面上。扣的动作应用于正面对墙且操作面较高的近身砖墙，扣灰时握铲的手利用手臂的前推力将灰条扣出。

砌三七墙的里丁砖时，采取扣灰刮虚尖的动作，铲灰要呈扁平状，大铲尖部的灰要少，扣出灰要前部高后部低，随即用铲刮虚尖灰，使碰头灰浆挤严。砌三七墙的外丁砖时，铲灰呈扁平状，灰的厚薄要一致，由外往里平拉铺灰，采取泼的动作。平拉反腕泼灰用于侧面身砌较远的外丁砖墙；平拉正腕泼灰用于正面身砌较近的外丁砖墙。

（3）揉挤

灰铺好后，左手拿砖在离已砌好的砖约有 30~40mm 处开始平放，并稍稍蹭着灰面，把灰浆刮起一点到砖顶头的竖缝里，然后把砖揉一揉，顺手用大铲把挤出墙面的灰刮起来，再甩到竖缝里。揉砖时要做到上看线下看墙，做到砌好的砖下跟砖棱上跟挂线。

2. "三一"砌筑法的动作分解

"三一"砌筑法可分解为铲灰、取砖、转身、铺灰、揉挤和将余灰甩入竖缝 6 个动作（见图 3-1）。

3. "三一"砌筑法的步法

一般的步法是操作者背向前进方向（即退着往后），斜站成步距约 0.8m 的丁字步，以便随着砌筑部位的变化，取砖、铲灰时身体能够灵活转动。一个丁字步可能完成 1m 长的砌筑工作量。在砌离身体较远的砖墙时，身体重心放在前足，后足跟可以略微抬起。砌到近身部位时，身体移到后腿，前腿逐渐后缩。在完成 1m 长的工作量后，

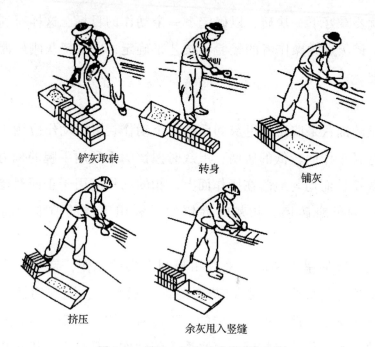

铲灰取砖　　　　转身　　　　铺灰

挤压　　　　余灰甩入竖缝

图3-1　"三一"砌筑法的动作分解

前足后移半步，人体正面对墙，还可以砌0.5m长，这时铲灰、砌砖脚步可以以后足为轴心稍微转动，每砌完1.5m长的墙，人就移动了一个工作段。

　　这种砌法的优点是操作者的视线能够看着已砌好的墙面，便于检查墙面的平直度，并能及时纠正，但因为人斜向墙面，竖缝不易看准，因此，要严加注意。"三一"砌筑法的步法如图3-2所示。

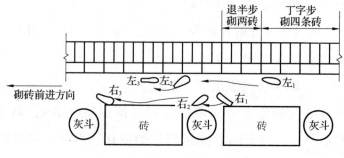

图3-2　"三一"砌筑法的步法

4. "三一"砌筑法的手法

"三一"砌筑法的手法如图3-3所示。

学习笔记

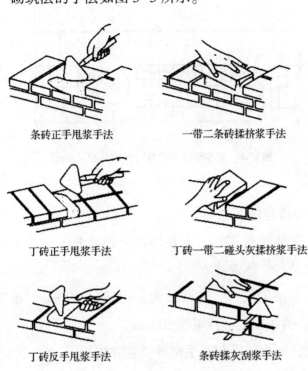

条砖正手甩浆手法　　　　一带二条砖揉挤浆手法

丁砖正手甩浆手法　　　丁砖一带二碰头灰揉挤浆手法

丁砖反手甩浆手法　　　　条砖揉灰刮浆手法

图3-3　"三一"砌筑法的手法

5. 操作环境布置

砖和灰斗在操作面上的安放位置，应方便操作者砌筑，安放不当会打乱步法，增加砌筑中的多余动作。

灰斗的放置由墙角开始，第一个灰斗布置在离大角60cm～80cm处，沿墙的灰斗间距为1.5m左右，灰斗之间码放两排砖，要求排放整齐。遇有门窗洞口处可不放料，灰斗位置相应退出门窗口60cm～80cm。材料与墙之间留出50cm，作为操作者的工作面。砖和砂浆的运输在墙内楼面上进行。灰斗和砖的摆放（见图3-4）。

学习笔记

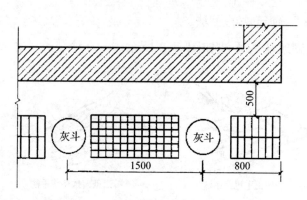

图 3-4　灰斗和砖的摆放（尺寸单位：mm）

（三）铺浆挤砌法

铺浆法是采用铺灰工具，先在墙面上铺砂浆，然后将砖压紧砂浆层，并推挤粘结的一种砌砖方法。

当采用铺浆法砌筑时，铺浆长度不得超过 750mm，施工期间气温超过 30 度时，铺浆长度不得超过 500mm。

铺浆挤砌法分为单手和双手两种挤浆方法。

1. 单手挤砌法

一般铺灰器铺灰，操作者应沿砌筑方向退着走。砌顺砖时，左手拿砖距前面的砖块约 5~6 cm 处将砖放下，砖稍稍蹭灰面，沿水平方向向前推挤，把砖前灰浆推起作为立缝隙处砂浆（俗称挤头缝）。并用瓦刀将水平灰缝挤出墙面的灰浆刮清甩填于立缝内（见图 3-5）。

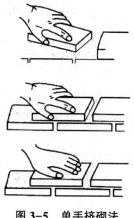

图 3-5　单手挤砌法

　　砌顶砖时，将砖擦灰面放下后，用手掌横向往前挤，挤浆的砖口略倾斜，到距前面砖块约一指缝时，砖块略向上翘，以便带起灰浆挤入立缝内，将砖压到与准线平齐为止，并将内外挤出的灰浆刮清，甩填于立缝内。

　　砌墙的内侧顺砖时，应将砖由外向里靠，水平向前挤，这样立缝处砂浆容易饱满，同时用瓦刀将反面墙水平缝挤出的砂浆刮起，甩填在挤砌的立缝内。

　　挤浆砌筑时，手掌要用力，使砖与砂浆紧密结合。

　　2. 双手挤浆法

　　双手挤浆法的操作方法基本与单手挤浆法相同，但它的要求与难度要更高一些。砌墙时，无论向哪个方向砌，都要把靠墙的一只脚固定站稳，脚尖稍稍偏向墙边，另一只脚同后斜方向踏好约半步，使两脚很自然地成丁字形，人体略向一侧倾斜，这样转身拿砖挤砌和看棱角都较灵活方便。拿砖时，靠墙的一只手先拿，另一只手跟随着上去，也可双手同时取砖，两眼要迅速查看砖的边角，将棱角整齐的一边先砌在墙的外侧，取砖和选砖可同时进行。为此操作必须熟练，无论是砌顶砖还是顺砖，靠墙的一只手先挤，另一只手迅速跟着挤砌（见图3-6）。其他操作方法与单手挤浆法相同。

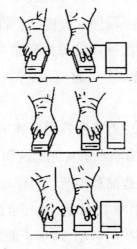

图3-6　双手挤浆法

铺浆挤砌法，可采用2~3人协作进行，劳动效率高，劳动强度较低，且灰缝饱满，砌筑质量较高，但快铺快砌应严格掌握平推平挤，保证灰浆饱满。该法适用于长度较长的混水墙及清水墙。对于窗间墙、砖垛、砖柱等短砌体不宜采用。

（四）坐浆砌砖法

坐浆砌砖法，又称摊尺砌砖法，是指先在墙面上铺1m长的砂浆，用摊尺找平，然后在铺设好的砂浆上砌砖的一种方法（见图3-7）。

图 3-7 坐浆砌砖法

坐浆砌砖法的步骤如下：

操作时首先用灰刀和大铲舀砂浆，并均匀地倒在墙上，然后左手拿摊尺刮平。砌砖时左手拿砖，右手用瓦刀在砖的头缝处打上砂浆，随即砌上砖并压实。砌完一段铺灰长度后，将瓦刀放在最后砌完的砖上，转身再舀灰，如此依次铺砌。每次砂浆摊铺长度应看气温高低、砂浆种类及砂浆稠度而定，不宜超过1m，否则会影响砂浆与砖的粘结力。

在砌筑时应注意，砖块头缝的砂浆另外用瓦刀抹上去，不允许在铺平的砂浆上刮取，以免影响水平灰缝的饱和程度。摊尺铺灰砌筑时，当砌一砖墙时，可一人自选铺灰砌筑，墙较厚时可组成二人小组一人铺灰，一人砌墙，分工协作密切配合，这样会提高工效。

该法灰缝均匀，墙面清洁美观，适用于砌筑门窗洞口较多的墙身。

二、技能训练

训练一："三一"砌筑法练习

1. 操作准备

（1）材料、工具准备

根据实训人数准备一定数量的砂浆、红砖及砌筑工具。

（2）现场布置

灰斗：离大角或窗洞墙 0.6~0.8m 处开始放置灰斗，沿墙灰斗间距为 1.5m 左右。

砖：灰斗之间摆放两排整齐的砖。

工作面：材料与砌的墙之间留出 0.5m，见"三一"砌筑法的平面图（图 3-2）。

2. 操作步骤

（1）铲灰取砖

（2）灰铲铺灰

（3）摆砖揉挤

3. 砌筑时的动作分解

采用"三一"砌筑法砌筑时，其动作可分解为：铲灰→取砖→转身→铺灰→摆砖揉挤→将余灰甩入竖缝六个动作。具体操作时动作要连贯、协调。

任务 3.1　复习思考题

1. 块体材料有哪几类？

2. 简述砖的规格尺寸。

3. 砖、砌块、石材各有几个强度等级？

4. 按外观质量普通砖可分为几个等级？

5. 常用砌砖方法有哪几种？

学习笔记

知识拓展

砌体结构优缺点及应用范围

一、优点

砌体结构之所以如此广泛地被应用，是因为它有着下列几项主要优点：

1. 采用砖石结构较易就地取材。天然石材、黏土、砂等几乎到处都有。同时我国砖产量很大，如1995年墙体材料产量折合普通砖6 300亿块，因此来源方便，也较经济。

2. 砌体结构具有很好的耐火性，以及较好的化学稳定性和大气稳定性。

3. 采用砌体结构一般较钢筋混凝土结构可以节约水泥和钢材，并且砌筑砌体时不需模板及特殊的技术设备，可以节约木材。新铺砌体上即可承受一定荷载，因而可以连续施工。在寒冷地区，必要时还可以用冻结法施工。

4. 当采用砌块或大型板材作墙体时，可以减轻结构自重，加快施工进度，进行工业化生产和施工。采用配筋混凝土砌块高层建筑，较现浇钢筋混凝土高层建筑可节省模板，加快施工进度。

二、缺点

除上述优点外，砌体结构也有下列一些缺点：

1. 砌体结构的自重大。因为砖石砌体的强度较低，故必须采用较大截面的构件，其体积大，自重也大（在一般砖石混合结构居住建筑中，砖墙重约占建筑物总重的一半），材料用量多，运输量也随之增加。因此，应加强轻质高强材料的研究，以减小截面尺寸和减轻自重。

2. 砌体结构砌筑工作相当繁重（在一般砖石混合结构居住建筑中，砌砖用工量占1/4以上）。在一定程度上这是由于砌体结构的体积大而造成的。在砌筑时，应充分利用各种机具来搬运砖石和砂浆，以减轻劳动量。但目前的砌筑操作基本上还是采用手工方式的，因此必须进一步推广砌块和墙板等工业化施工方法，以逐步克服这一缺点。

3. 砂浆和砖石间的粘结力较弱，因此无筋砌体的抗拉、抗弯及抗剪强度都是很低的。由于粘结力较弱，无筋砖石砌体抗震能力亦较差，因此有时需采用配筋砌体。

4. 砖砌结构的黏土砖用量很大，往往占用农田，影响农业生产，例如1990年为生产黏土砖，便毁农田近7万亩（1亩=1/15hm^2）。现在我国一些大城市已禁止使用实心黏土砖。

三、应用范围

由于砌体结构有着上述优点，因此，应用范围很广泛。但由于它的缺点，也限制了它在某些场合下的应用。

一般民用建筑中的基础、内外墙、柱、过梁、屋盖和地沟等构件都可用砌体结构建造。由于砖质量的提高和计算理论的进一步发展，对一般5~6层房屋，用砖墙承重已很普遍。20世纪70年代后在重庆建筑了10~12层（局部12层）的砌体墙承重房屋，用砖和混凝土砌块砌筑的高层住宅，其中10~12层为180mm砖承重内墙，8~9层为240mm砖承重内墙，5~7层为300mm砖承重内墙，1~4层为300mm混凝土砌块承重内墙。

在国外有建成20层以上的砖墙承重房屋。

在我国某些产石材的地区，也可用毛石承重墙建造房屋，目前有高达5层的。

在工业厂房中，砌体往往被用来砌筑围护墙。此外，工业企业中的烟囱、料仓、地沟、管道支架、对渗水性要求不高的水池（也有用石砌酒精池或建造预应力砖砌圆池的）等特种结构也可用砌体建造。对砖砌水池（包括地下清水池），在池壁内外面各加设30mm厚钢丝网水泥防渗层，效果很好。江苏省镇江市用砖砌筑的60m高的烟囱，上下口外径分别为2.18m和4.78m；共分四段，自上而下各段高度顺次为10m、17m、17m和16m，相应厚度为240mm、370mm、490mm和620mm。此外，该烟囱还采用了砖薄壳基础，直接在烟囱筒身下面采用一砖厚倒球壳，外面部分采用倾角为50°的一砖半厚的配筋砖锥壳；在球、锥壳交接处和角锥下部，分别设置钢筋混凝土支承环以承受壳体所产生的水平推力。采用砖薄壳基础，较采用钢筋混凝土圆板可节约水泥70%，节约钢材45%，降低造价41.3%。

农村建筑如猪圈、粮仓等，也可用砖石砌体建造。

在交通运输方面，砌体结构除可用于桥梁、隧道外，各式地下渠道、涵洞、挡墙也常用石材砌筑。

在水利建设方面，可以用石料砌筑坝、堰和渡槽等。

应该注意，砌体结构是用单块块体和砂浆砌筑的，目前大多是用手工操作，质量较难保证均匀，加上砌体的抗拉强度低、抗震性能差等缺点，在应用时应遵守有关规定的使用范围。如在地震区采用砌体结构，应采取一定的抗震措施。用砌体砌筑新型结构时，应抱着既积极、又慎重的态度，一定要贯彻一切通过试验和确保工程质量的原则。

任务 3-2　砖墙砌筑

知识目标：通过本任务的学习，掌握实心墙、空心墙、多孔砖墙的组砌形式、砌筑工艺流程、砌筑操作要求、质量要求、安全注意事项等。

技能目标：能砌筑一层实心墙体，并会检查质量。

一、知识点

（一）砖墙砌筑形式

1. 普通实心黏土砖墙体厚度

半砖墙115 mm 厚；3/4 砖墙178mm 厚；一砖墙240mm 厚；一砖半墙365mm 厚；二砖墙490 mm 厚。

普通的砖墙立面的组砌形式有6种。

（1）一顺一丁

一顺一丁，是指一皮全部顺砖与一皮全部丁砖叠砌而成的墙面，上、下皮竖缝相互错开1/4砖长（见图3-8）。

图3-8 一顺一丁

此种形式可分为顺砖层上、下对齐的十字缝和顺砖层上、下错开半砖的骑马缝两种形式。

一顺一丁砌筑形式,适合于砌筑一砖、一砖半及二砖墙。

该种形式的优点为各皮砖间错缝搭接牢靠,墙体整体性较好,操作时变化小,易于掌握,砌筑时墙面也容易控制平直。

其缺点为当砖的规格不一致时,竖缝不易对齐,在墙的转角、丁字接头、门和窗洞口等处都要砍砖,因此砌筑效率受到一定限制。

(2) 梅花丁

梅花丁又称沙包式和十字式,是指每皮砖内丁砖与顺砖间隔砌筑,上皮丁砖坐中于下皮顺砖,上、下皮间竖缝相互错开1/4砖长(见图3-9)。

图3-9 梅花丁

梅花丁砌法适于砌筑一砖或一砖半的清水墙或砖的规格不一致的墙体。该法砌筑效率较低。

该种形式的优点为灰缝整齐,美观,尤其适宜于清水外墙。

其缺点为由于顺砖与丁砖交替砌筑,影响操作速度,工效较低。

学习笔记

（3）三顺一丁

三顺一丁砌法是指三皮全部顺砖与一皮全部丁砖相互交替叠砌而成，上、下皮顺砖之间搭接 1/2 砖长，顺砖与丁砖之间搭接 1/4 砖长，同时要求檐墙与山墙的丁砖层不在同一皮，以利于搭接（见图 3-10）。

图 3-10　三顺一丁

三顺一丁砌筑形式适用于砌筑一砖和一砖半墙。

该种形式的优点为出面砖较少，在转角处，十字与丁字接头、门窗洞口等处可减少打"七分头"，操作较快，可提高工作效率。

其缺点为顺砖层较多，不易控制墙面的平整，当砖较湿或砂浆较稀时，顺砖层不易砌平，而且容易向外挤出，影响质量。

（4）两平一侧

两平一侧是指由二皮顺砖和旁砌一块侧砖相隔砌成。当墙厚为 3/4 时，平砌砖均为顺砖，上、下皮平砌顺砖间竖错开 1/2 砖长；上、下皮平砌顺砖与侧砌顺砖间竖缝相互错开 1/2 砖长，上、下皮丁砖与侧砌顺砖间竖缝相互错开 1/4 砖长（见图 3-11）。

图 3-11　两平一侧

这种砌筑形式费工，但节约用砖，适合于 3/4 砖墙或 1/4 砖墙。

（5）全顺

全顺，也称条砌法，是指各皮均为顺砖，上、下两皮竖缝相互错开 1/2 砖长，适合于砌筑半砖墙（见图 3-12）。

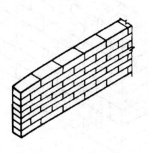

图 3-12　全顺

（6）全丁

全丁是指各皮砖全部用丁砖砌筑，上、下皮间竖缝搭接为 1/4 砖长，适用于砌圆弧形的烟囱、水塔、圆仓等（见图 3-13）。

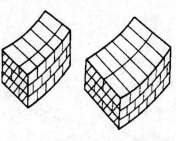

图 3-13　全丁

2. 多孔砖组砌形式

常用 M 型模数多孔砖墙体和 P 型多孔墙体两种。

（1）M 型多孔砖的砌筑形式

M 型模数多孔砖的外墙厚度为 200mm，250mm，300mm，350mm，400mm，复合夹心墙厚度为 360mm，390mm；非承重内墙厚度为 100mm，150mm，承重墙内墙厚度为 120 mm，240mm。

M 型多孔砖的砌筑形式只有全顺，即每皮均为顺砖，其抓孔平行于墙面，上、下皮竖缝相互错开 1/2 砖长（见图 3-14）。

（2）P 型多孔砖的砌筑形式

图 3-14　M 型多孔砖的砌筑形式

　　P 型多孔砖的砌筑形式有一顺一丁及梅花丁两种砌筑形式。一顺一丁是一皮顺砖与一皮丁砖相隔砌筑，上、下皮竖缝相互错开 1/4 砖 ［见图 3-15（a）］；梅花丁是每皮中顺砖与丁砖相隔，丁砖坐中于顺砖，上、下皮竖缝错开 1/4 砖长 ［见图 3-15（b）］。

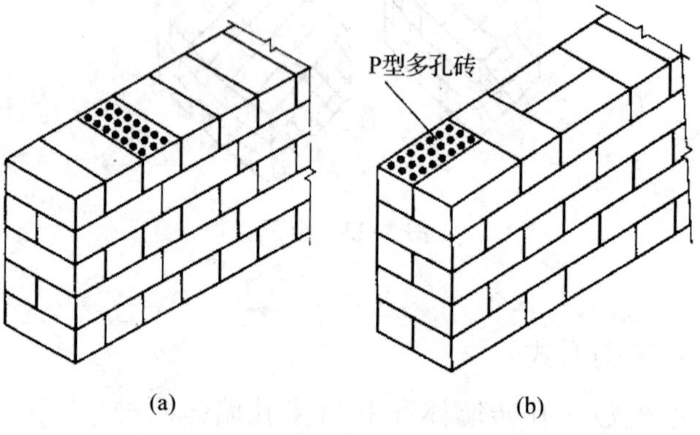

(a)　　　　　　　　　　　　(b)

图 3-15　P 型多孔砖的砌筑形式

（a）一顺一丁；（b）梅花丁

3. 空斗墙组砌形式

　　空斗墙是由普通砖经平砌和侧砌相结合砌筑成有空斗间隔的墙体。大面朝外的砖称为斗砖，小面竖丁朝外的砖称为丁砖，小面水平朝外的砖称为眠砖（见图 3-16）。空斗墙的组砌形式有一眠一斗、一眠两斗、一眠三斗及无眠空斗。

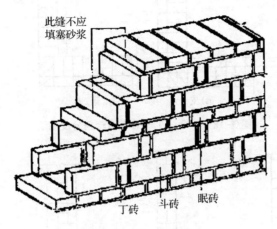

图 3-16　空斗墙构造

4. 蒸压（养）砖墙组砌形式

蒸压（养）砖系指灰砂砖、粉煤灰砖。可用于一般工业与民用建筑的承重结构和基础的砌体。

蒸压（养）砖砌体应上下错缝、内外搭砌。实心砌体宜采用一顺一丁、梅花丁或三顺一丁的砌筑形式。砖柱不得采用包心砌法。

（二）砖墙转角与接头处的砌法

1. 普通实心黏土砖

（1）转角处砌法

砖墙的转角处，应加砌七分头砖。当采用一顺一丁、梅花丁、三顺一丁组砌方式时，其一砖墙、一砖半墙的组砌（分别见图 3-17、图 3-18、图 3-19、图 3-20、图 3-21）。

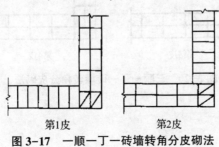

第1皮　　　　　第2皮

图 3-17　一顺一丁一砖墙转角分皮砌法

学习笔记

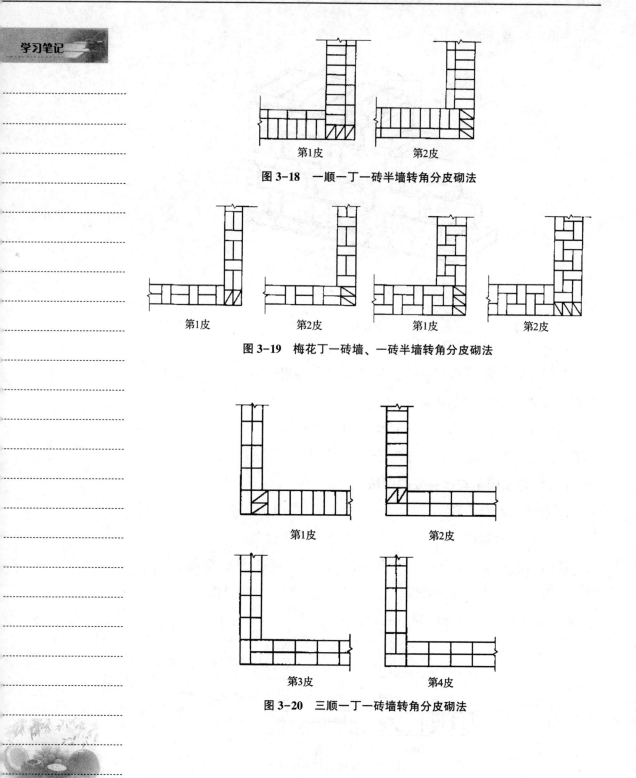

图 3-18   一顺一丁一砖半墙转角分皮砌法

图 3-19   梅花丁一砖墙、一砖半墙转角分皮砌法

图 3-20   三顺一丁一砖墙转角分皮砌法

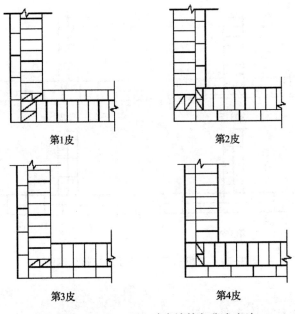

第1皮　　　　　第2皮

第3皮　　　　　第4皮

图 3-21　三顺一丁一砖半墙转角分皮砌法

（2）砖墙丁字接头砌法

砖墙丁字接头处，也应加砌七分头砖，当采用一顺一丁、梅花丁、三顺一丁组砌方式时，其一砖墙的组砌（分别见图 3-22、图 3-23、图 3-24）。

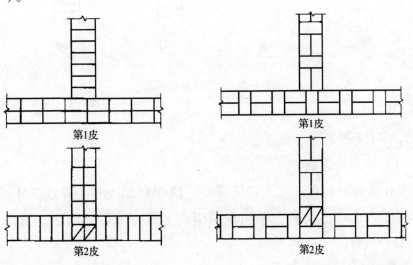

第1皮　　　　　　　　　　第1皮

第2皮　　　　　　　　　　第2皮

图 3-22　一顺一丁一砖墙丁头交接处砌法　　图 3-23　梅花丁一砖墙丁头交接处砌法

57

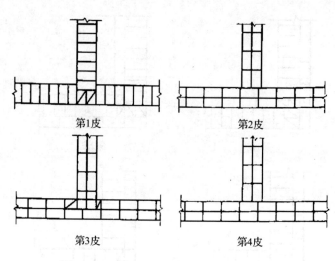

图 3-24　三顺一丁一砖墙丁头交接处砌法

（1）砖墙十字接头处砌法

砖墙的十字接头处，应隔皮纵横砌通，交接处内角的竖缝应上下错开 1/4 砖长（见图 3-25）。

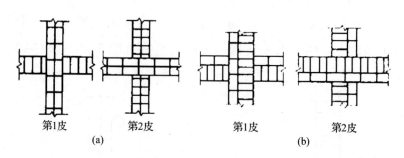

图 3-25　十字交接处砌法

2. 多孔砖

（1）转角处砌法

多孔砖墙的转角处，为错缝需要，应加砌配砖（半砖或 3/4 砖），M 型（正方形）多孔砖，采用全顺组砌形式，转角处砌法（见图 3-26）。

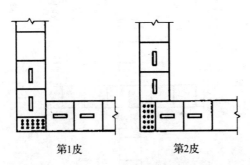

第1皮   第2皮

图 3-26 全顺一砖多孔砖墙转角分皮砌法

P 型（矩形）多孔砖，采用一顺一丁或梅花丁组砌形式，转角处砌法（分别见图 3-27、图 3-28）。

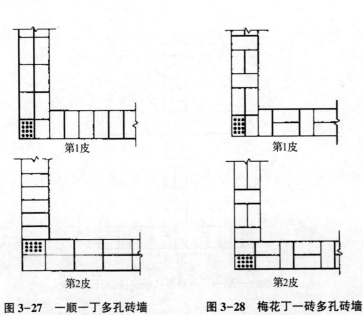

第1皮   第1皮

第2皮   第2皮

图 3-27 一顺一丁多孔砖墙   图 3-28 梅花丁一砖多孔砖墙

转角分皮砌法   转角分皮砌法

（2）多孔砖丁字接头砌法

多孔砖墙的丁字交接处，为错缝需要，应加砌配砖（半砖或 3/4 砖）。

M 型多孔砖全顺一砖、P 型一顺一丁、梅花丁一砖多孔砖丁字接头砌法（见图 3-29、图 3-30、图 3-31）。

学习笔记

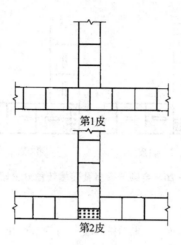

图 3-29 全顺一砖多孔砖墙交接处分皮砌法

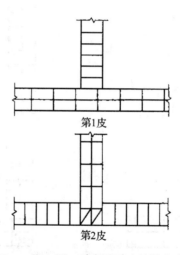

图 3-30 一顺一丁一砖多孔砖交接处分皮砌法

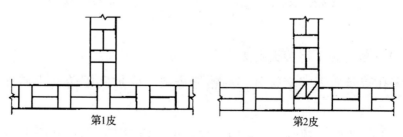

图 3-31 梅花丁一砖多孔砖墙交接处分皮砌法

多孔砖墙中所用的配砖应是工厂定型产品，得用整砖砍成配砖。门窗洞口两侧在多孔砖墙中预埋木砖，应与多孔砖相同规格。

多孔砖不应与烧结普通砖混砌。多孔砖墙每天砌筑高度不宜超过1.5 m。

3. 空心砖转角砌法

砌筑空心砖墙时，砖应提前1~2d浇水湿润砌筑时砖的含水率宜为10%－15%。

空心砖墙应侧砌，其孔洞呈水平方向，上下皮垂直灰缝相互错开1/2砖长。空心砖墙底部宜砌3皮烧结普通砖［图3-32（a）］。

学习笔记

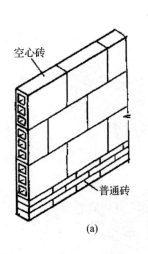

(a)

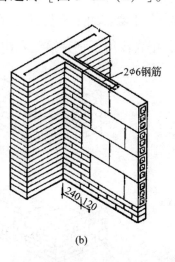

(b)

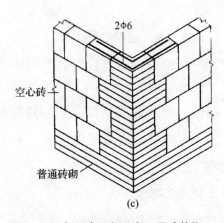

(c)

图3-32 空心砖组砌形式（尺寸单位：mm）

（a）空心砖墙；（b）空心砖与普通砖墙交接；（c）空心砖转角砌法

空心砖墙与烧结普通砖交接处，应以普通砖墙引出不小于240mm长与空心砖墙相接，并与隔2皮空心砖高在交接处的水平灰缝中设置2φ6钢筋作为拉结筋，拉结钢筋在空心砖墙中的长度不小于空心砖长加240mm［图3-32（b）］。

空心砖墙的转角处，应用烧结普通砖砌筑，砌筑长度角边不小于240mm［图3-32（c）］。

空心砖墙砌筑不得留置斜槎或直槎，中途停歇时，应将墙顶砌平。在转角处、交接处，空心砖与普通砖应同时砌起。

空心砖墙中不得留置脚手眼，不得对空心砖进行砍凿。

4. 空斗墙转角丁字交接处及附墙砌法

空斗墙转角丁字交接处及附墙砌法如图3-33、图3-34所示。

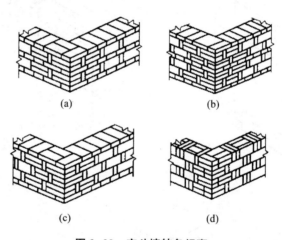

图3-33　空斗墙转角组砌

（a）一眠一斗砌法；（b）一眠二斗砌法；（c）一眠三斗砌法；（d）无眠空斗砌法

空斗墙应用整砖砌筑。砌筑前应试摆，不够整砖处，可加砌丁砖。在空斗墙的下列部位，应用烧结普通砖砌成实体（平砌或侧砌）：

（1）墙的转角处和交接处。

（2）室内地坪以下的全部墙体。

（3）室内地坪和楼板面上的皮砖部分。

（4）三层房屋外墙底层窗台标高以下部分。

（5）楼板、圈梁、搁栅和檩条等支承面下2~4皮砖的通长部分。

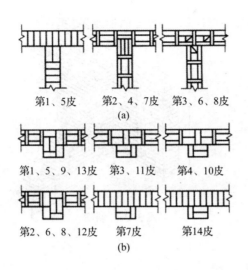

第1、5皮　　第2、4、7皮　　第3、6、8皮

(a)

第1、5、9、13皮　　第3、11皮　　第4、10皮

第2、6、8、12皮　　第7皮　　第14皮

(b)

图3-34　内外墙及附墙砖垛组砌

（a）丁字交接处砌法；（b）附250mm×250mm砖垛砌法

（6）梁和屋架支承处按设计要求的部分。

（7）壁柱和洞口的两侧240mm范围内。

（8）屋檐和山墙压顶下的2皮砖部分。

（9）楼梯间的墙、防水墙、挑檐以及烟道和管道较多的墙。

（10）做填充墙时，与框架拉结筋的连接处。

（11）预埋件处。

（三）砖墙的接槎连接砌法

要保证一幢房屋墙体的整体性，墙体与墙体的连接是至关重要的。两道相接的墙体最好同时砌筑，应在先砌的墙上留出接槎（俗称留槎），后砌的墙体要镶入接槎内（俗称咬槎）。砖墙接槎质量的好坏，对整个房屋的稳定性相当重要。正常的接槎，规范规定采用两种形式，一种是斜槎，又叫"踏步槎"；另一种是直槎，又叫"马牙槎"。

1. 斜槎留置

砖砌体的转角处和交接处应同时砌筑，严禁无可靠措施的内外分砌施工，对不能同时砌筑而必须留置的临时间断处应砌成斜槎，斜槎水平投影长度不应小于高度的2/3（见图3-35）。

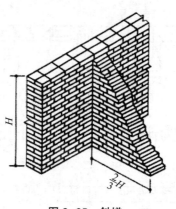

图 3-35　斜槎

2. 直槎留置

（1）非抗震设防及抗震设防烈度为 6 度、7 度地区的临时间断处，当不能留斜槎时，除转角处外，可留直槎，但直槎必须做成凸槎（或称阳槎）。留直槎处应加设拉结钢筋，拉结钢筋数量为每 120mm 墙厚放置 1ϕ6 拉结筋，120mm 厚墙放置 2ϕ6 拉结筋，间距沿墙高不应超过 500mm；埋入长度以留槎处算起每边均不应小于 500 mm；对抗震设防烈度为 6 度、7 度地区，不应小于 1 000mm，末端应有 90°弯钩（见图 3-36）。

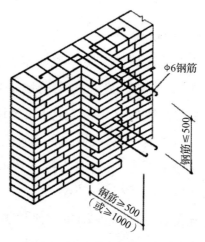

图 3-36　直槎（尺寸单位：mm）

（2）隔墙与承重墙不能同时砌筑，又不能留成斜槎时，可于承重墙中引出凸槎，并在承重墙的水平灰缝中预埋拉结筋，每道墙不得少于2φ6，其构造同直槎。隔墙顶应用立砖斜砌挤紧。

3. 拉筋连接

框架结构的围护墙，应沿柱高方向每隔500mm预埋φ6拉结筋2根，在砌筑围护墙时，将柱中预留钢筋甩出，并嵌砌到砖墙灰缝中。

（四）墙体预留孔洞的施工方法

1. 临时施工洞口的留置

在墙上留置临时施工洞口，其侧边离交接处墙面不应小于500 mm，洞口净宽度不应超过1m。抗震设防烈度9度地区的建筑物的临时洞口位置应会同设计单位确定。

洞口顶部宜设置过梁，也可采用在洞口上部逐层挑砖办法封口，并预埋水平拉结筋。临时洞口补砌时，砖块表面应清理干净，并浇水湿润，再用与原墙相同的材料补砌严密、牢固。

2. 脚手眼的设置

（1）在下列墙体或部位不得设置脚手眼：

①120mm厚墙，料石清水墙和独立柱。

②过梁上与过梁成60°角的三角形范围及过梁净跨度1/2的高度范围。

③宽度小于1m的窗间墙。

④砌体门窗洞口两侧200mm（石砌体为300 mm）和转角处450mm（石砌体为600mm）范围内。

⑤梁或梁垫下及其左右500mm范围内。

⑥设计不允许设置脚手眼的部位。

（2）脚手眼的施工

采用单挑脚手架时，小横杆（也称六尺杠子）的一端要搭入砖墙上，故在砌墙时，必须预留出脚手眼。脚手眼一般从1.5m高处开始预留，水平间距为1m孔眼的尺寸上下各为一丁砖，中间为一顺砖，呈十字形，深度为一砖。孔眼的上面再砌三皮砖，用以保护砌好的砖。钢管单排脚手眼，可留一丁砖大小。

（3）补砌施工脚手眼时灰缝应饱满密实，不得用干砖填塞。

3. 其他要求

设计要求的洞口、管道、沟槽应于砌筑时正确留出或预埋，未经设计同意，不得打凿墙体和在墙体上开凿水平沟槽。宽度超过 300mm 的洞口上应设置过梁。

（五）门窗洞口处的砌法

门口是在一开始砌墙时就要遇到的，如果是先立门框的，砌砖时要离开门框边 3 mm 左右，不能顶死，以免门框受挤压而变形。同时要经常检查门框的位置和垂直度，随时纠正。门框与砖墙用燕尾木砖拉结（见图 3-37）。如后立门框的或者叫嵌樘子的，应按墨斗线砌筑（一般所弹的墨斗线比门框外包宽 2cm），并根据门框高度安放木砖，第一次的木砖应放在第 3 或第 4 皮砖上，第二次的木砖应放在 1m 左右的高度，因为这个高度一般是安装门锁的高度，如果是 2m 高的门口，第三次木砖就放在从上往下数第 3、4 皮砖上。如果是 2m 以上带腰头的门，第三次木砖就放在 2m 左右高度，即中冒头以下，在门上口以下 3、4 皮还要放第四次木砖。金属门框不放木砖，另用铁件和射钉固定。窗框侧的墙同样处理，一般无腰头的窗放两次木砖，上下各离 2~3 皮砖，有腰头的窗要放三次，即除了上下各一次以外中间还要放一次。嵌樘的木砖放法（见图 3-38），应注意使用的木砖必须经过防腐处理。

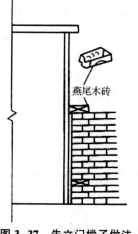

燕尾木砖

图 3-37　先立门樘子做法

图 3-38　后嵌樘子木砖放法

（六）砖筑窗台和拱碹、过梁

1. 窗台的砌筑

砖墙砌 1m 左右就要分窗口，在砌窗间墙之前一般要砌窗台，窗台有出平砖（出 6cm 厚平砖）和出头砖（出 12cm 高侧砖）两种。出平砖的做法是在窗台标高下 1 皮时两端操作，先砌 2~3 块挑砖。砌挑砖时，挑出部分的砖头上要用披灰法打上竖缝，砌通窗台时，也采用同样办法。因为，窗台挑砖由于上部是空口容易使砖碰掉，成品保护比较困难，因此可以采取只砌窗间墙压住的挑砖，窗口处的挑砖可以等到抹灰以前再砌。出虎头砖的办法与此相仿，只是虎头砖一般是清水，要注意选砖。竖缝要披足嵌严，并且要向外出 2cm 的泛水（见图 3-39）。

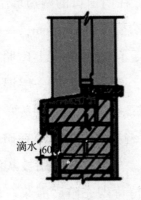
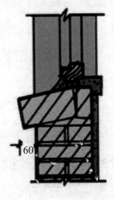

图 3-39　窗台砌法（尺寸单位：mm）

2. 窗间墙的砌筑

窗台砌完后，拉通准线砌窗间墙。窗间墙部分一般是一人独立操作，操作时要跟准线进行，并要与相邻操作者常通气。砌第1皮砖时要防止窗口砌成阴阳膀（窗口两边不一致，窗间墙两端用砖不一致），往上砌时，位于皮数杆处的操作者，要经常提醒大家皮数杆上标志的预留预埋等要求。

3. 拱碹的砌筑

（1）砖平拱

构造要求：

砖平拱应用整砖侧砌，平拱高度不小于砖长（240mm）；

砖平拱的拱脚下面应伸入墙内不小于20mm；

砖平拱砌筑时，应在其底部支设模板，模板中央应有1%的起拱；

砖平拱的砖数应为单数。砌筑时应从平拱两端同时向中间进行；

砖平拱的灰缝应砌成楔形。灰缝的宽度，在平拱的底面不应小于5mm；在平拱的顶面不应大于15mm；

砖平拱底部的模板，应在砂浆强度不低于设计强度50%时，方可拆除；

砖平拱截面计算高度内的砂浆强度等级不宜低于M5；

砖平拱的跨度不得超过1.2m。

施工操作要点：

一般做法是当砌到门窗口的上平时，在门窗口的两边墙上留出2~3cm的错台，俗称碹肩，然后砌筑碹上端要倾斜3~4cm，一砖半碹上端要倾斜5~6cm。两侧砌筑达到碹高后，门窗口处支上碹胎板，碹胎板的宽度应该与墙厚相等。胎模支好后，先在板上铺一层湿砂，使中间厚20mm、两端厚5mm，作为碹的起拱。碹的砖数必须为单数，跨中1块，其余左右对称。要先排好块数和立缝宽度，用铅笔在碹胎板上划线标记。发碹时应从两侧同时向中间砌，发碹的砖应用披灰法打好灰缝，不过要留出砖的中间部分不披灰，留待砌完碹后灌浆。最后发碹的中间的1块砖要两面打灰往下挤塞，俗称锁砖。要求发碹灰缝饱满，砖挤紧，与墙面平整（图3-40）。

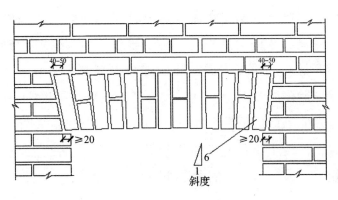

图3-40 砖平拱（尺寸单位：mm）

平碹随其组砌方法的不同而分为立砖碹、斜形碹和插入碹三种（见图3-41）。

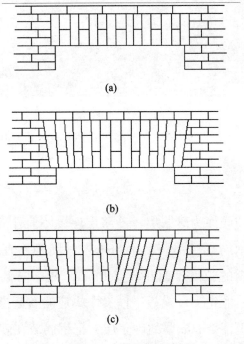

(a)

(b)

(c)

图3-41 平碹的形式

（a）立砖碹；（b）斜形碹；（c）插入碹

（2）弧形碹的砌筑方法

弧形碹的砌筑方法与平碹基本相同，当碹两侧的砖墙砌到碹脚标高后，支上胎模，然后砌拱座（俗称碹膀子），坡度线应与胎模垂直。拱座砌完后开始在胎模上发碹，碹的砖数也必须为单数，由两端向中间发，立缝与胎模面要保持垂直。大跨度的弧形碹厚度常在一砖以上。砌法，就是发完第一层瑄后灌好浆，然后砌一层伏砖（平砌砖），再砌上面一层碹，伏砖上下的立缝可以错开，这样可以使整个碹的上下边灰缝厚度相差不大，弧形砖的做法如图 3-42 所示。

图 3-42　弧形碹

4. 钢筋砖过梁

构造要求：

钢筋砖过梁的底面为砂浆层，砂浆层厚度不宜小于 30mm。砂浆层中应配置钢筋，钢筋直径不应小于 5mm，其间距不宜大于 120mm，钢筋两端伸入墙体内的长度不宜小于 250mm，并有向上的直角弯钩。钢筋砖过梁砌筑前，应先支设模板，模板中央应略有起拱。

砌筑时，宜先铺 15mm 厚的砂浆层，把钢筋放在砂浆层上，使其弯钩向上，然后再铺 15mm 砂浆层，使钢筋位于 30mm 厚的砂浆层中间。之后，按墙体砌筑形式与墙体同时砌砖。

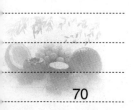

钢筋砖过梁截面计算高度内（7皮砖高）的砂浆强度不宜低于M5。钢筋砖过梁的跨度不应超过1.5m。

钢筋砖过梁底部的模板，应在砂浆强度不低于设计强度50%时，方可拆除。

施工操作要点：

当墙砌到门窗洞口的顶边后（根据皮数杆决定），就可支上过梁底模板，然后将板面浇水湿润，抹上3cm厚1：3水泥浆。按图纸要求把加工好的钢筋放入砂浆内，两端伸入支座砌体内不少于24cm。钢筋两端应弯成90°的弯钩，安放钢筋时弯钩应该朝上，钩在竖缝中。过梁段的砂浆至少比墙体的砂浆高一个强度等级，或者按设计要求。砖过梁的砌筑高度应该是跨度的1/4，但至少不得小于7皮砖。砌第1皮砖时应该砌丁砖，并且两端的第1块砖应紧贴钢筋弯钩，使钢筋达到勾牢的效果（见图3-43）。

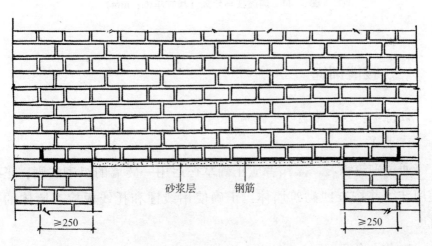

砂浆层　　钢筋

≥250　　　　≥250

图3-43　平砌式钢筋砖过梁（尺寸单位：mm）

（七）马牙槎砌法

因抗震的要求，目前砖混结构的建筑均在墙体内设置构造柱。一般情况是先砌墙，留出柱子的空当，然后绑扎钢筋，支模浇筑混凝土，使砖墙和混凝土形成整体。构造柱与墙同厚。留空当时，要根据设计位弹出墨线，砖墙与柱连接处砌成大马牙槎，每个马牙槎沿高度方向不应超300mm（5皮砖），砖墙与构造柱之间沿高度方向每隔500mm设置2φ6水平拉结筋，每边伸入墙内不少于1m。马牙槎的砌筑应注意要领"先退后进"，即起步时应后退1/4砖，5皮（或4皮）砖后砌至柱宽位置，对称砌筑（见图3-44）。

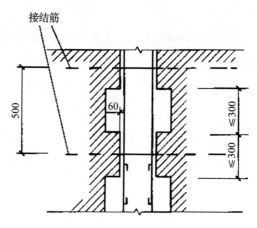

图3-44　构造柱马牙槎（尺寸单位：mm）

二、技能训练

训练一：240砖墙墙身砌筑

1. 目的

通过砌筑练习，操作者应正确掌握运用一砖墙的组砌法则，正确使用准线并按准线砌筑墙体，正确使用线锤和托线板检查墙体的垂直度。

2. 作业条件

在实训中心进行，砌筑实体如图3-45所示。

根据实习人数，准备适量的黏土砂浆，标准黏土砖及相关的砌筑工具。

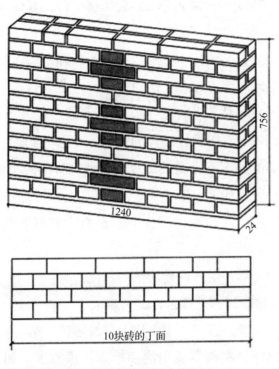

学习笔记

10块砖的丁面

图3-45　砌筑实体（尺寸单位：mm）

3. 操作步骤

（1）干摆4皮无灰浆墙体，见图3-46。

①第一皮丁砖皮：此墙的连接以丁砖层开始。

②第二皮顺砖皮：墙的两端分别排摆七分头砖，左端七分头砖后排摆丁砖，其他均是顺砖，以达到1/4砖错缝要求。

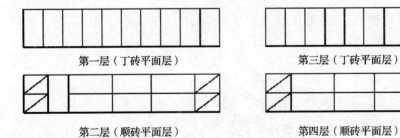

第一层（丁砖平面层）　　　　　第三层（丁砖平面层）

第二层（顺砖平面层）　　　　　第四层（顺砖平面层）

图3-46　干摆4皮砖

③第三皮丁砖皮：同第一皮。

④第四皮顺砖皮：右端七分头砖后排摆丁砖，其他同第二皮。

（2）确定墙体位置

①将靠尺平放在两块砖上，形成一直线以确定墙体的位置。

②在墙的左端灰浆上砌一丁砖块。

③用米尺确定墙体长为1.24m，并在墙的右端灰浆上砌一丁砖砖块。两端砖块砌完后，再检查墙体的长度。

④运用砌墙的操作技能砌筑丁砖层，砌筑时砖的小面应紧靠靠尺，以保证墙体在一条直线上。

⑤用水平尺及靠尺检查此层砖的水平面，如不平可通过轻轻敲打校正砖的位置。

⑥用米尺检查第一层砖内外两侧的长度。

（3）墙的两端砌至第三皮

①先砌筑左端墙。第二层为2块七分头顺砖，第三皮为一丁砖。

②将水平尺侧摆在墙端或用线锤检查其垂直度，如有偏差可通过轻度敲打校正砖的位置。

③用米尺检查其高度。如果尺寸偏高，可通过轻度敲打来校正；如果尺寸偏低，则可通过加厚水平灰缝来调整。

④按上述方法砌筑右端墙。

（4）挂准线

由于每皮都要用准线校正墙的高度和平整度，所以借助于准线可使每皮砖砌得平直。

为了固定准线，须先在绳端打一个双扣，在双扣结上插上一个钉子（见图3-47）。

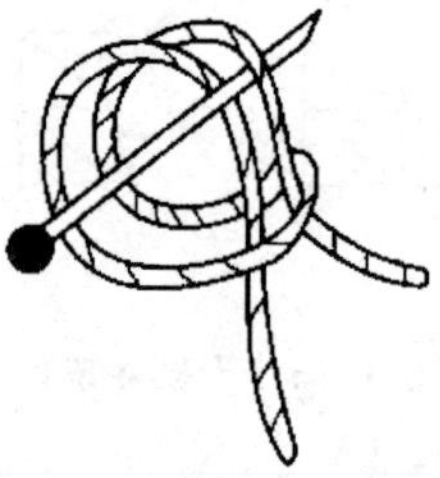

图3-47　双扣固定线绳

固定在双结扣内的钉子插入墙缝。用另外二个固定高度。准线尽可能拉紧，线紧贴外墙（在瓦工操作的一面）。

（5）按准线砌筑第二皮和第三皮（见图3-48）。

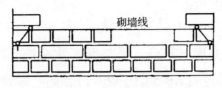

图3-48　砌第二皮 第三皮

（6）墙的两端继续往上砌三皮

①用线锤或托线板检查其垂直度，用米尺检查其高度（见图3-49）。

吊线点（上视）

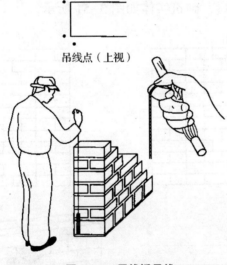

图3-49　用线锤吊线

②按准线砌到第五皮，用靠尺检查平整度（见图3-50）。

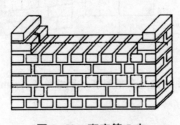

图3-50　砌完第5皮

（7）将墙体砌至第十二皮

墙端垛每次向上砌三皮后，均须用托线板检查其垂直度，用米尺检查其高度。每皮都要按准线砌筑，砌完 8 皮后要对墙高进行全面检查，以防以后校正困难。

4. 标准及要求

墙体尺寸、垂直度、灰缝、平整度等要求符合国家标准《砌体工程施工质量验收规范》（GB 50203-2011），同时做到工完料净场地清。

训练二：240 砖墙盘角砌筑

1. 目的

通过盘角砌筑练习，掌握单侧直角墙体的组砌法则与砌筑方法。

2. 作业条件

在实训中心进行，砌筑实体如图 3-51 所示。

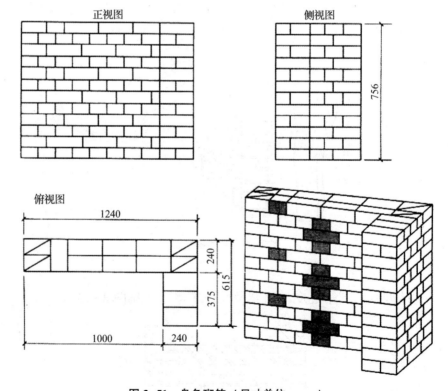

图 3-51　盘角砌筑（尺寸单位：mm）

3. 操作步骤

（1）干摆四皮24cm厚单侧直角墙体

①顺砖顶七分头，丁砖拍到头（见图3-52）。

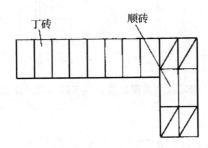

图3-52　第一、三皮

②在顺砖层当需要半砖调缝时，跟七分头砖后一右一左交替摆一块丁砖（见图3-53），

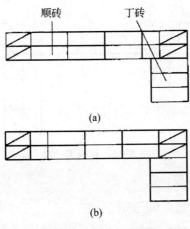

（a）

（b）

图3-53　第二、四皮

（a）第二皮　（b）第四皮

（2）确定墙体的位置

①借助木三角尺画出墙体的直角（根据勾股定理检查木三角尺的直角）。

②在画出的线上用米尺确定墙体尺寸，并砌筑墙角砖和端点砖（见图3-54）。

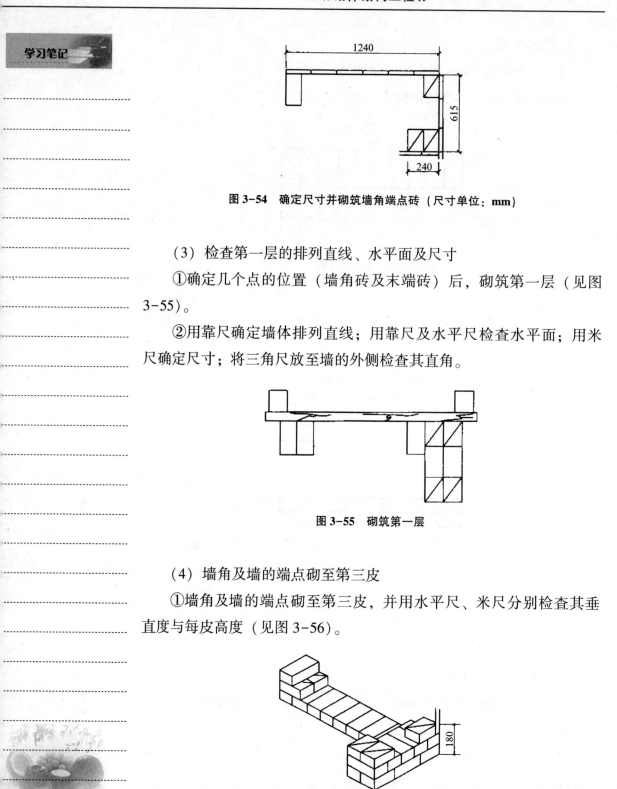

图 3-54 确定尺寸并砌筑墙角端点砖（尺寸单位：mm）

（3）检查第一层的排列直线、水平面及尺寸

①确定几个点的位置（墙角砖及末端砖）后，砌筑第一层（见图 3-55）。

②用靠尺确定墙体排列直线；用靠尺及水平尺检查水平面；用米尺确定尺寸；将三角尺放至墙的外侧检查其直角。

图 3-55 砌筑第一层

（4）墙角及墙的端点砌至第三皮

①墙角及墙的端点砌至第三皮，并用水平尺、米尺分别检查其垂直度与每皮高度（见图 3-56）。

图 3-56 墙角及端点砌至第三皮（尺寸单位：mm）

②按准线砌筑第二、三皮中间墙。

（5）将墙体砌至十二皮完成

墙角及端点继续往上砌三皮，接着按准线砌满各皮。每隔三皮砌完后均需检查其垂直度与垂直高度（见图3-57）。

图3-57　每三皮向上砌

4. 标准及要求

墙体尺寸、垂直度、灰缝、平整度等要求符合现行国家标准《砌体工程施工质量验收规范》（GB 50203—2002），同时做到工完料净场地清。

训练三：240砖墙体砌筑

1. 目的

通过砌筑练习，掌握墙体砌筑的关键是盘角，挂好准线是保证，组砌方式是基础，同时要考虑好门窗洞口等相关问题，才能较好地完成一面墙的砌筑。

3.2. 作业条件

（1）完成室外及房心回填土，安装好沟盖板；

（2）办完地基、基础工程隐检手续；

（3）按标高抹好水泥砂浆防潮层；

（4）弹好轴线墙身线，根据进场砖的实际规格尺寸，弹出门窗洞口位置线，经验线符合设计要求，办完预检手续；

（5）按设计标高要求立好皮数杆，皮数杆的间距以15-20m为宜；

（6）砂浆由试验室做好试配，准备好砂浆试模（6 块为一组）；

（7）施工现场安全防护已完成，并通过了质检员的验收；

（8）脚手架应随砌随搭设，运输通道通畅，各类机具应准备就绪。

3. 操作工艺过程

（1）组砌方法

砌体一般采用一顺一丁（满丁、满条）、梅花丁或三顺一丁砌法。

（2）排砖撂底（干摆砖）

一般外墙第一层砖撂底时，两山墙排丁砖，前后檐纵墙排条砖。

根据弹好的门窗洞口位置线，认真核对窗间墙、垛尺寸，其长度是否符合排砖模数，如不合模数时，可将门窗口的位置左右移动。若有破活，七分头或丁砖应排在窗口中间、附墙垛或其他不明显的部位。移动门窗口位置时，应注意暖卫立管安装及门窗开启时不受影响。另外，在排砖时还要考虑在门窗口上边的砖墙合拢时也不出现破活。所以，排砖时必须做全盘考虑，前后檐墙排第一皮砖时，要考虑甩窗口后砌条砖，窗角上必须是七分头才是好活。

（3）选砖

砌清水墙应选择棱角整齐，无弯曲、裂纹、颜色均匀，规格基本一致的砖。敲击时声音响亮，焙烧过火变色、变形的砖可用在基础及不影响外观的内墙上。

（4）盘角

砌砖前应先盘角，每次盘角不要超过五层，新盘的大角，及时进行吊、靠。如有偏差要及时修整。盘角时要仔细对照皮数杆的砖层和标高，控制好灰缝大小，使水平灰缝均匀一致。大角盘好后再复查一次，平整和垂直完全符合要求后，再挂线砌墙。

（5）挂线

砌筑一砖半墙必须双面挂线，如果长墙几个人均使用一根通线，中间应设几个支线点，小线要拉紧，每层砖都要穿线看平，使水平缝均匀一致，平直通顺；砌一砖厚混水墙时宜采用外手挂线，可照顾砖墙两面平整，为下道工序控制抹灰厚度奠定基础。

（6）砌砖

砌砖宜采用一铁锹灰、一块砖、一挤揉的"三一"砌砖法，即满铺、满挤操作法。砌砖时要放平。里手高，墙面就要张；里手低，墙面就要背。砌砖一定要跟线，"上跟线，下跟棱，左右相邻要对平"。水平灰缝厚度和竖向灰缝宽度一般为10mm，误差为2mm。

（7）留槎

外墙转角处应同时砌筑。内外墙交接处必须留接槎，槎长度不应小于墙体高度2/3，留槎必须平直、通顺。

（8）木砖预留孔洞和墙体拉结筋

木砖预埋时应小头在外，大头在内，数量按洞口高度决定。洞口高在1.2m以内，每边放2块；高在1.2～2m，每边放3块；高在2～3m，每边放4块，预埋木砖的部位一般在洞口上边或下边四皮砖，中间均匀分布。

（9）安装过梁、梁垫

安装过梁、梁垫时，其标高、位置及型号必须准确，坐浆饱满。如坐浆厚度超过2cm时，要用细石混凝土铺垫。过梁安装时，两端支承点的长度应一致。

（10）构造柱做法

凡设有构造柱的工程，在砌砖前，先根据设计图纸将构造柱位置进行弹线，并把构造柱插筋处理顺直。与构造柱连接处砌成马牙槎。

4. 质量标准

按《砌体工程施工质量验收规范》（GB 50203–2011）标准执行。

5. 安全注意事项

参照任务3.6安全技术。

任务3.2　复习思考题

1. 普通黏土砖、多孔砖、空斗墙的组砌形式有哪几种?

2. 画图普通砖、多孔砖转角、丁字交接、十字交接分皮砌法。

3. 砌筑空心砖时有哪些要求？

4. 斜槎、直槎留置有哪些规定？

5. 脚手眼设置有哪些规定？

6. 砌筑门窗洞口时有哪些要求？

7. 砖平拱、钢筋砖过梁的构造要求有哪些？

8. 简述马牙槎的构造要求。

知识拓展

砌体结构的发展趋势

随着社会经济的发展和科学技术的进步，砌体结构也在不断发展。

在墙体材料方面，采用轻质高强材料，即轻质高强的块体和高强度的砂浆，尤其是高粘结强度的砂浆，是一个重要的发展方向。目前，我国生产的砖强度不高，所以结构尺寸大，自重大，砌筑工作繁重，生产效率低下，以致施工进度慢，建设周期长，这显然不符合现代化建设的需要。但是，我国幅员广大，有些地区黏土和石材资源丰富，工业废料也需处理，因此，砌体结构在很多领域内仍需继续使用。由此可见，发展轻质高强材料具有重要的意义。

从国外近些年来的发展情况看，由于生产了高强度砖和高强度砂浆，砌体强度大大提高。在 20 世纪末，砌体抗压强度已达 20MPa。目前国外空心砖强度一般为 40~60MPa，因而可采用薄墙，大大地减轻了自重。

采用空心砖替代黏土实心砖也是墙体材料发展的一个重要方向。

空心砖，尤其是高孔洞率，高强度的大块空心砖，对于减轻建筑物自重、提高砌筑效率、节约材料、减少运输量和降低工程造价有着重要作用。目前我国承重空心砖孔洞率一般在 30% 以内，抗压强度一般在 10MPa 左右，少数可达 30MPa，而且生产量少。采用高孔洞率、高强度的大块空心砖也是国外黏土砖发展的一个重要趋向。在国外，承重空心砖抗压强度达 30~60MPa 的已很普遍，有些国家已达更高的水平，空心砖的孔洞率达 40% 以上，空心砖的尺寸也较大，如 500mm×

150mm×300mm（法国），400mm×300mm×240mm（德国）。

制作高性能墙板也是值得重视的一个发展方向，在房屋建筑中应用板材有一系列优点，因此发达国家都将建筑板材作为推进住宅产业现代化的首选墙材产品。20世纪90年代初国外板材应用情况的调查表明，板材在墙体材料中所占的比例很大。例如在日本，板材占墙材总量的64%；在美国占47%；在波兰占41%；在东南亚占30%。在我国，2001年板材生产总量是3.23亿 m^2，占墙材总量1.8%，与发达国家相比，差距还很大。因此，今后应加速这方面的发展。

在墙体材料方面，采用与环境相适应的材料，也是一个重要的发展方向。发展非烧结材料，采用工业废料和节能保温材料，有利于生态环境的保护，有利于可持续发展。砌体结构的黏土砖用量很大，往往损毁农田，影响农业生产。因此，应采用工业废料来替代黏土，以保护农田。目前，我国大城市已禁止使用实心黏土砖。

在墙体的受力性能方面，加强墙体的抗震性能具有重要的意义。20世纪70年代以来，我国已在砌体抗震措施方面进行了不少研究，并取得显著的成绩。例如，在墙体中设置构造柱，就是一种很有效地抗震构造措施。我国许多地区都属于地震设防地区，因此，提高墙体的抗震能力也是砌体结构的一个重要发展方向。

在砌体结构的施工方面，采用新的施工技术和采用机械化、工业化的施工工艺，加快施工进度和减轻劳动量，也是一个重要的发展趋向。

任务3-3　熟悉砖柱、砖垛砌筑

知识目标：通过完成本次学习任务，掌握砖柱、砖垛的砌筑。

技能目标：能够砌筑砖柱、砖垛。

一、知识点

（一）砖柱的形式

砖柱一般分为矩形、圆形、正多角形和异形等几种。矩形砖柱分为独立柱和附墙柱两类；圆形柱和正多角形柱一般为独立砖柱；异型砖柱较少，现在通常由钢筋混凝土柱代替。

（二）砖柱施工要点

砖柱一般是承重的，因此比砖墙更要认真砌筑。要求柱面上下各皮砖的竖缝至少错开1/4砖长，柱心不得有通缝，并尽量少打砖。也可利用1/4砖，绝对不能采用先砌四周砖后填心的包心砌法。对砖柱，除了与砖墙相同的要求之外，应尽量选边角整齐、规格一致的整砖砌筑。每工作班的砌筑高度不宜超过1.8 m，柱面上不得留设脚手眼，如果是成排的砖柱必须拉通线砌筑，以防发生扭转和错位。柱与隔墙如不能同时砌筑时，可于柱中留出直槎，并于柱的灰缝中预埋拉结条，每道不少于2根。对于清水墙配清水柱，要求水平灰缝在同一标高上。附墙柱在砌筑时应使墙和柱同时砌筑，不能先砌墙后砌柱或先砌柱后砌墙。

（三）常用砖柱的组砌方式

1. 矩形砖柱

矩形砖柱的组砌方式见表3-2。

表3-2　砖柱的组砌形式

断面尺寸（mm×mm）	正确组砌		错误组砌（包心砌）	
	第一皮	第二皮	第一皮	第二皮
240×240				

断面尺寸 （mm×mm）	正确组砌		错误组砌（包心砌）	
	第一皮	第二皮	第一皮	第二皮
240×365 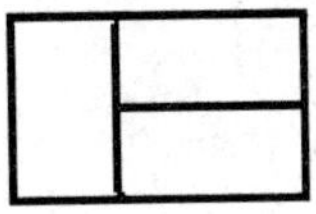 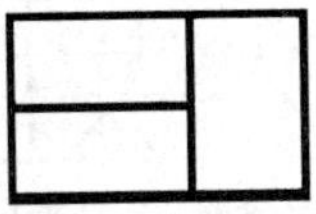				
365×365	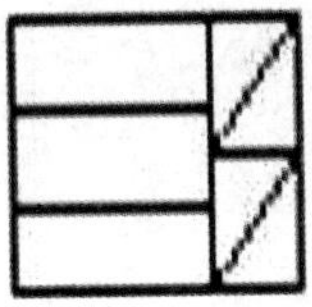	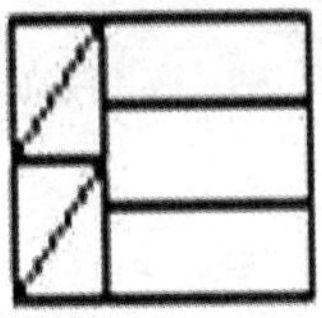	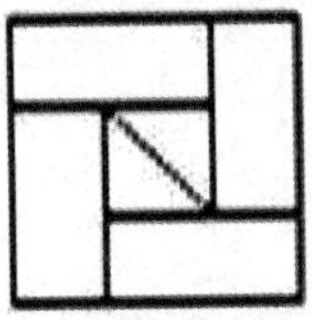	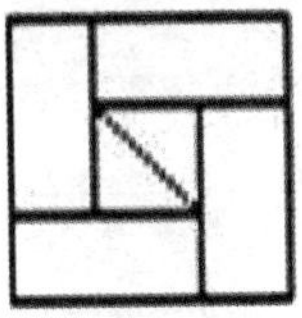
365×490	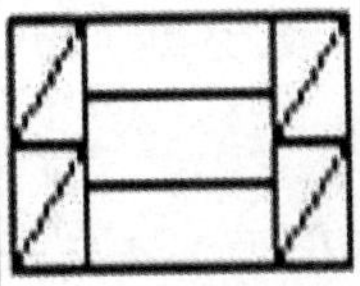	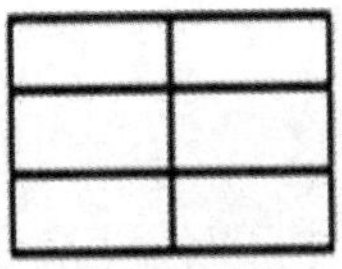	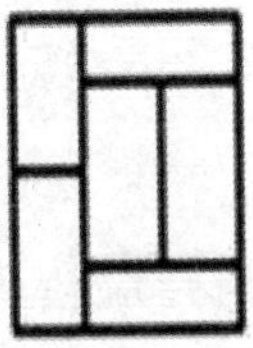	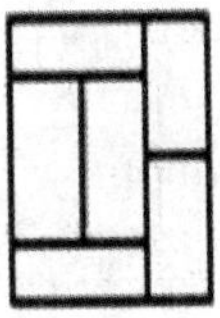
490×490 第1、2皮	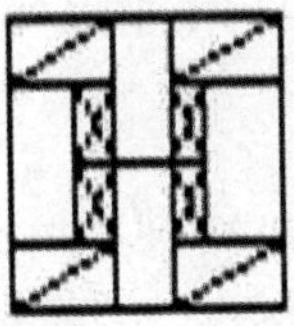	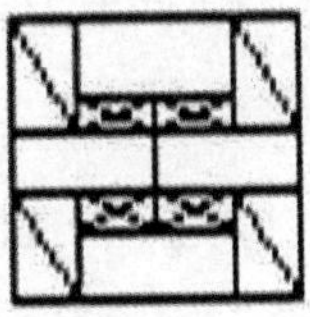	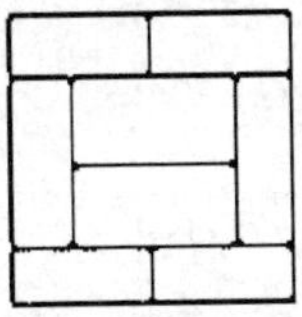	
490×490 第3、4皮		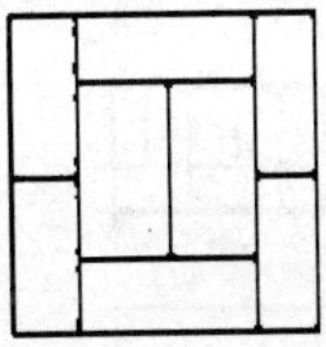	同第一皮	同第二皮

2. 圆形砖柱

圆形砖柱的组砌方式见图3-58。

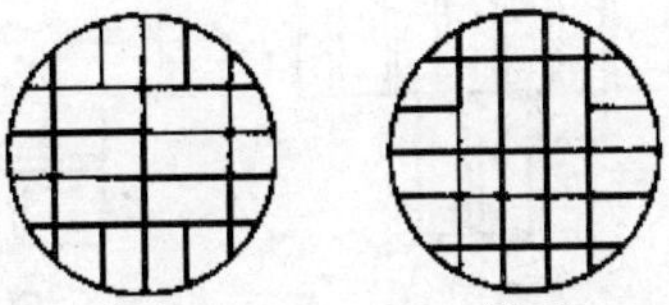

第1皮   第2皮

图3-58 圆形砖柱

学习笔记

3. 多角形砖柱

多角形砖柱的组砌方式见图3-59。

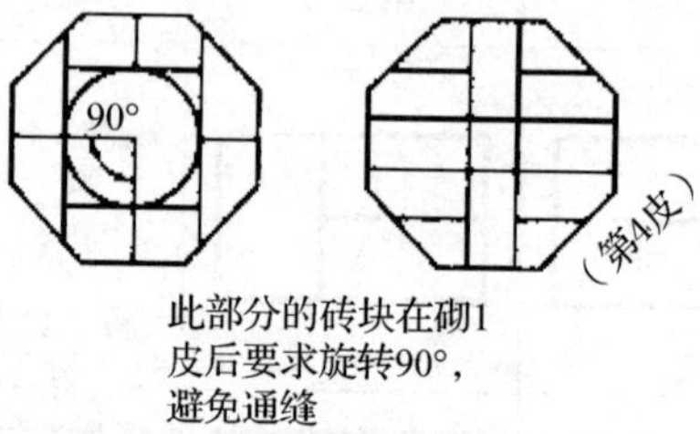

此部分的砖块在砌1
皮后要求旋转90°，
避免通缝

图3-59 多角形砖柱

4. 砖垛（矩形附壁柱）

砖垛应与所附砖墙同时砌起。砖垛最小断面尺寸为120mm×240mm。

砖垛应隔皮与砖墙搭砌，搭砌长度应不小于1/4砖长。砖垛外表面上下皮垂直灰缝应相互错开1/2砖长，砖垛内部应尽量少通缝，为错缝需要应加砌配砖。

图3-60所示是一砖半厚墙附120mm×490mm砖垛、附240mm×365mm砖垛和一砖墙附240mm×365mm垛的分皮砌法。

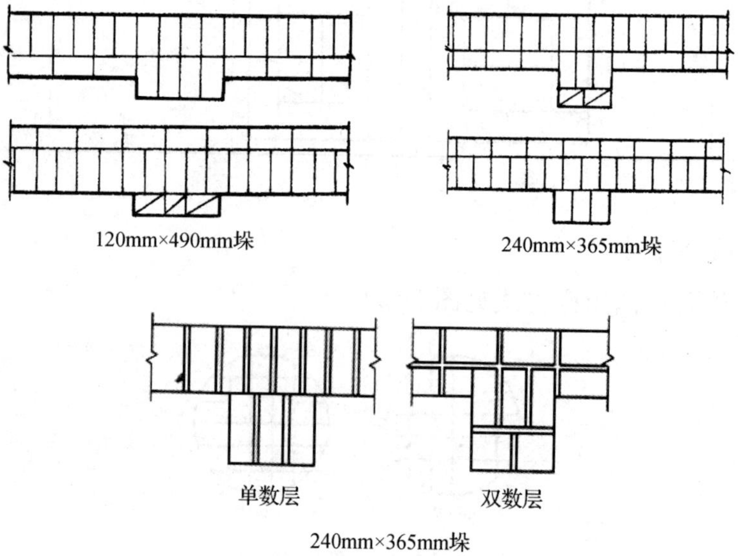

120mm×490mm垛

240mm×365mm垛

单数层　　　　　双数层

240mm×365mm垛

图3-60 砖垛分皮砌法

二、技能训练

训练一：490mm×490 mm 砖柱砌筑（15 皮高）

1. 目的

通过砌筑练习，掌握 490mm×490mm 砖柱的组砌法则与砌筑要求。

2. 作业条件

到施工现场进行。

（1）基础工程已完成，并验收，办完隐检手续。

（2）已设置龙门板或龙门柱，标出建筑物的主要轴线，标出砖柱轴线及标高，并弹出砖柱轴线和边线，立好皮数杆，办完预检手续。

（3）根据皮数杆最下面一层砖标高，拉线检查基层表面标高是否合适，如第一层砖的水平灰缝大于 20 mm 时，应用细石混凝土找平，不得用砂浆或在砂浆中掺细砖或碎石处理。

（4）常温施工时，砌筑前一天应将砖浇水湿润，砖以水浸入面下 10~20mm 深为宜；雨天作业不得使用含水率饱和状态的砖。

（5）砌筑部位的灰渣、杂物应清除干净，基层浇水湿润。

（6）砂浆配合比，已经在试验室根据实际材料确定。准备好砂浆试模。应按试验确定的砂浆配合比拌制砂浆，并搅拌均匀。常温下拌好的砂浆应在拌好后 3~4 h 内用完。严禁使用过夜砂浆。

（7）施工现场安全防护已完成，并通过了质检员的验收。

（8）脚手架应随砌随搭设，运输通道通畅，各类机具应准备就绪。

3. 操作工艺过程

（1）砖柱砌筑前，基层表面应清扫干净，洒水湿润，基础面有高低不平时，要进行找平，小于 3cm 的要用 1：3 水泥砂浆；大于 3cm 的要用细石混凝土找平，使各柱第一皮砖在同一标高上。

（2）砌砖柱应四面挂线，当多根柱子在同一轴线上时，要拉通线检查纵横柱网中心线，同时应在柱的近旁竖立皮数杆。

（3）选砖，柱砖应选择棱角整齐、无弯曲、裂纹，颜色均匀，规格基本一致的砖。

（4）排砖摆底，根据排砌方案进行干摆砖试排。

（5）砌砖宜采用"三一"砌法。柱面上下皮竖缝应互相错开 1/2 砖长以上。柱心无通天缝。严禁采用先砌四周后填心的砌法。

（6）砖柱的水平灰缝和竖向灰缝宽度宜为 10mm，不应该小于 8mm，也不大于 12mm；水平灰缝的砂浆饱满度不得小于 80%，竖缝也要求饱满，不得出现透明缝。

（7）柱砌至上部时，要拉线检查轴线、边线、垂直度，保证柱位置正确。同时还要对照皮数杆的砖层及标高，如有偏差时，应在水平灰缝中逐渐调整，使砖的层数与皮数杆一致。砌楼层砖柱时，要检查上层弹的墨线位置是否与下层柱子有偏差，以防止上层柱落空砌筑。

（8）2m 高范围内清水柱的垂直偏差不大于 5mm，混水柱不大于 8mm，轴线位移不大于 10mm。每天砌筑高度不宜超过 1.8m。

4. 标准及要求

垂直度、灰缝、平整度等要求符合国家标准《砌体工程施工质量验收规范》（GB 50203-2002），同时做到工完料净场地清。

5. 注意事项

（1）砌柱高度：柱子每天砌筑高度不能超过 1.8m，太高了会由于砂浆受压缩而产生变形，可能使柱发生偏斜。

（2）对称的清水柱砌筑：对称的清水柱，在砌筑时要注意两边对称，不要砌成阴阳膀。

（3）脚手架搭设：脚手架不能靠在柱子上，不能在柱子上留脚手架眼，以防把柱子挤歪。

（4）砌完一步架后要刮缝，清扫柱子表面。

（5）砖柱与隔墙相交：不能在柱内留母槎，只能留公槎，并加连接钢筋拉接。

（6）水平缝加钢筋网片：钢筋网片在柱子一侧要露出 1~2mm 以备检查，是否遗漏，添置是否正确。

（7）砌楼层砖柱：要检查上层弹的墨线位置是否和下层柱对准，防止上下层柱错位，落空砌筑。

6. 讨论

其他尺寸砖柱的砌筑，如 240mm 砖墙附 365mm×490mm 砖柱的组砌。

任务 3.3　复习思考题

1. 砖柱施工要点有哪些？
2. 画图不同断面砖柱的分皮砌法。
3. 画图不同断面砖垛分皮砌法。

任务 3-4　砖基础的砌筑

知识目标：通过完成本次学习任务，掌握大放脚砖基础的砌筑方法。

技能目标：能运用"三一"砌筑法砌筑砖基础。

一、知识点

砖基础的下部为大放脚、上部为基础墙。

（一）砖基础大放脚分类

大放脚有等高式和间隔式。等高式大放脚是每砌两皮砖，两边各收进 1/4 砖长（60mm）；间隔式大放脚是每砌两皮砖及一皮砖，轮流两边各收进 1/4 砖长（60mm），最下面应为两皮砖（图 3-61）。

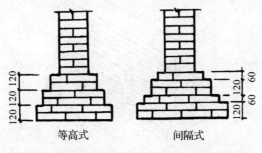

图 3-61　砖基础大放脚形式（尺寸单位：mm）

（二）砖基础大放脚砌筑形式与方法

砖基础大放脚一般采用一顺一丁砌筑形式，即一皮顺砖与一皮丁砖相同，上下皮垂灰缝相互错开60mm。

砖基础的转角处、交接处，为错缝需要应加砌配砖（3/4砖、半砖或1/4砖）。

图3-62所示是底宽为2砖半等高式砖基础大放脚转角处分皮砌法。

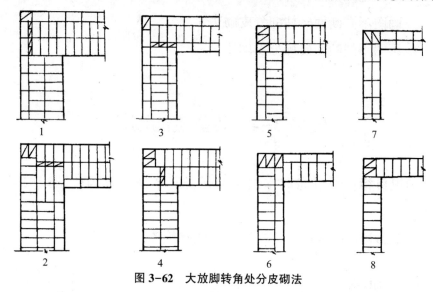

图3-62　大放脚转角处分皮砌法

砖基础的水平灰缝厚度和垂直灰缝宽度宜为10mm。水平灰缝的砂浆饱满度不得小于80%。

砖基础底标高不同时，应从低处砌起，并应由高处向低处搭砌，当设计无要求时，搭砌长度不应小于砖基础大放脚的高度（图3-63）。

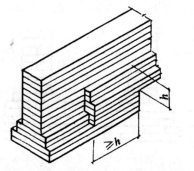

图3-63　基底标高不同时，砖基础的搭砌

砖基础的转角处和交接处应同时砌筑，当不能同时砌筑时，应留置斜槎。

基础墙的防潮层，当设计无具体要求时，宜用 1∶2 水泥砂浆加适量防水剂铺设，其厚度宜为 20mm。防潮层位置宜在室内地面标高以下一皮砖处。

二、技能训练

训练一：62cm、49cm、37 cm、24 cm 厚砖基础砌筑

1. 目的

通过砌筑练习，掌握墙体砌筑的关键是盘角，挂好准线是保证，组砌方式是基础，同时要考虑好门窗洞口等相关问题，才能较好地完成一面墙的砌筑。

2. 作业条件

（1）办完地基及基础垫层验收手续；

（2）弹好轴线、基础边线，经验线符合设计要求，办完预检手续；

（3）按设计标高要求立好皮数杆，皮数杆的间距以 15-20m 为宜；

（4）砂浆由试验室做好试配，准备好砂浆试模（6 块为一组）；

（5）施工现场安全防护已完成，并通过了质检员的验收；

（6）脚手架应随砌随搭设，运输通道通畅，各类机具应准备就绪。

3. 注意事项

（1）组砌方法

砌体一般采用一顺一丁（满丁、满条）、梅花丁或三顺一丁砌法。

（2）排砖撂底（干摆砖）

一般外墙第一层砖撂底时，两山墙排丁砖，前后檐纵墙排条砖。

任务 3.4　复习思考题

1. 画图：砖基础大放脚等高式、间隔式。

2. 画图：底宽为 2 砖半等高式砖基础大放脚转角处分皮砌法。

学习笔记

任务 3-5　砖砌体质量的检查验收

知识目标：通过完成本次任务的学习，掌握《砌体结构工程施工质量验收规范》GB 50203-2011 砖砌体工程验收主控项目、一般项目及相关规定。

技能目标：能够完成在建砖砌体工程的相关项目的验收并给出合理评价结论。

一、知识点

砌体结构工程验收依据为《砌体结构工程施工质量验收规范》（GB 50203-2011）。

砌体结构工程检查验收时，质量分为合格和不合格两个等级。

（GB 50203-2011）砌体质量合格应符合以下规定：

1. 主控项目应全部符合规定；

2. 一般项目应有 80% 及以上的抽检处符合本规范的规定；

3. 有允许偏差的项目，最大超差值为允许偏差值的 1.5 倍。

（GB 50203-2002）砌体质量合格应符合以下规定：

1. 主控项目全部符合规定；

2. 一般项目应有 80% 及以上的抽检处符合规定或偏差值在允许偏差范围内。

以上规定同样适合混凝土小型空心砌块砌体工程、石砌体工程、配筋砌体工程、填充墙砌体工程。

学习《砌体结构工程施工质量验收规范》（GB 50203-2011）之第 4 章砌筑砂浆及第 5 章砖砌体工程全部内容。

二、技能训练：

训练一：砖砌体工程质量检查练习

1. 目的

通过本练习掌握砖砌体工程质量检查的主要内容、检查方法及主要标准。

2. 作业条件

选择已有部分完成砖砌体工程的工地，进行实地检查。

3. 砖砌体质量检查的主要内容

（1）砌体砂浆：检查砌体砂浆的饱满程度如何。

（2）砂浆强度：检查砂浆配合比的执行情况，是否合乎要求，并根据试块进行试压，检查砂浆强度是否符合设计要求。

（3）砖块组砌方法：检查组砌方法是否合理、恰当，是否有游丁走缝。墙体连接接槎是否合乎要求。

（4）砌体尺寸、平整度和垂直度：检查砌体厚度、高度（顶面标高位置），是否符合设计要求。砌体表面是否平整垂直。

（5）砌体外表：检查外表墙面或柱面是否光洁，灰缝是否密实美观。

（6）预埋件、预留孔洞位置：检查预埋件的数量是否合乎要求。预留孔洞位置是否留得正确。

4. 检查的方法和标准

（1）砌体砂浆：砂浆必须密实饱满，水平灰缝的砂浆饱满度不得低于80%（不包括承重空心砖砌体）。检查的方法可根据规定点数掀砖检查，每次掀3块砖，用百格网检查砖底面砂浆的接触面积取其平均值。

（2）砂浆强度：要求砂浆配合比正确，同强度等级砂浆的平均强度不得低于设计标号，且任意一组试块的最低值不得低于设计标号的75%。检查方法可根据试块在标准条件养护28d试压后的试验记录进行。

（3）砖块组砌方法：要求组砌方法正确，上、下层砖要错缝，相隔一层要对直，即不要游丁走缝，更不能通缝。墙角及墙体交接处要用接槎。采用直槎（即马牙槎）时要预留钢筋拉结条。检查时可采用直观检查的方法。

（4）砖块尺寸、平整度和垂直度：砌体尺寸包括厚度和高度、顶面标高位置，这些都要符合设计要求。墙面和柱面要平整垂直，不能产生偏差。砌体尺寸检查的方法可用水准仪、经纬仪校核或用尺丈量，平整度可用2m靠尺和楔形塞尺检查，垂直度可用经纬仪和靠尺检查。

（5）砌体外表质量：清水墙面应保持清洁，刮缝深度应适宜，勾缝应密实、深浅一致，横竖缝交接处应平整。检查的方法可采用直观和用尺丈量相结合的方法。

（6）预埋件、预留孔洞位置：应按设计要求留置，检查时可采用直观与丈量相结合的方法。

（7）工业与民用建筑物砖砌体的允许偏差和检查方法见表3-3。

表3-3 砖砌体的尺寸和位置的允许偏差

项	项目			允许偏差（mm）	检验方法	抽检数量
1	轴线位移			10	用经纬仪和尺或用其他测量仪器检查	承重墙、柱全数检查
2	基础、墙、柱顶面标高			±15	用水准仪和尺检查	不应小于5处
3	墙面垂直度	每层		5	用2m托线板检查	不应小于5处
		全高	10m	10	用经纬仪、吊线和尺或其他测量仪器检查	外墙全部阳角
			10m	20		
4	表面平整度	清水墙、柱		5	用2m靠尺和楔形塞尺检查	不应小于5处
		混水墙、柱		8		
5	水平灰缝平直度	清水墙		7	拉5m线和尺检查	不应小于5处
		混水墙		10		
6	门窗洞口高、宽（后塞口）			±10	用尺检查	不应小于5处

续表

项	项目	允许偏差（mm）	检验方法	抽检数量
7	外墙下下窗口偏移	20	以底层窗口为准，用经纬仪或吊线检查	不应小于5处
8	清水墙游丁走缝	20	以每层第一皮砖为准，用吊线和尺检查	不应小于5处

5. 常见的砖砌体工程质量通病及防治

（1）砂浆强度偏低、不稳定

砂浆强度偏低有两种情况：一是砂浆标准养护试块的强度偏低；二是试块强度不低，甚至较高，但砌体中砂浆实际强度偏低。标准养护试块的强度偏低的主要原因是计量不准，或不按配比计量，水泥、砂质量低劣等。由于计量不准，砂浆强度离散性必然偏大。主要预防措施是：加强现场管理，加强计量控制。

（2）砂浆和易性差，离析、沉底结硬

砂浆和易性差，主要表现在砂浆稠度和保水性不合规定，容易产生沉淀和泌水现象，铺摊和挤浆较为困难，影响砌筑质量，降低砂浆与砖的粘结力。

预防措施：低强度水泥砂浆尽量不用高强水泥配制，不用细砂，严格控制塑化材料的质量和掺量，加强砂浆拌制计划性，随拌随用，灰桶中的砂浆经常翻拌、清底。

（3）砌体组砌方法错误

砖墙面出现数皮砖同缝（通缝、直缝）里外两张皮（内通缝），砖柱采用包心法砌筑，里外皮砖层互不相咬，形成周围通天缝等，影响砌体强度，降低结构整体性。

预防措施：对工人加强技术培训，严格按规范方法组砌，缺损砖应分散使用，少用半砖，禁用碎砖。

（4）墙面灰缝不平直，游丁走缝，墙面凹凸不平

水平砖缝弯曲不平直，灰缝厚度不一致，出现"螺丝"墙，垂直

灰缝歪斜,灰缝宽窄不匀,丁不压中(丁砖未压在顺砖中部),墙面凹凸不平。

预防措施:砌前应摆底,并根据砖的实际尺寸对灰缝进行调整。采用皮数杆接线砌筑,以砖的小面跟线,拉线长度(15~20 m)超长时,应加腰线;竖缝,每隔一定距离应弹墨线找齐,墨线用线锤引测,每砌一步架用立线向上引伸,立线、水平线与线锤应"三线归一"。

(5)墙体留槎错误

砌墙时随意留直槎,甚至是阴槎,构造柱马牙槎不标准,槎口以砖渣砌,接槎砂浆填塞不严,影响接槎部位砌体强度,降低结构整体性。

预防措施:施工组织设计中应对留槎做统一考虑,严格按规范要求留槎,要用18层退槎砌法;马牙槎高度,标准砖留5皮,多孔砖留3皮;对于施工洞所留槎,应加以保护和遮盖,防止运料车碰撞槎子。

(6)锚拉钢筋安装遗漏

构造柱及接槎的水平拉结钢筋常被遗漏,或未按规定布置;配筋砖缝砂浆不饱满,露筋年久易锈。

预防措施:拉结筋应作为隐检项目对待,应加强检查,并填写检查记录存档。施工中,对所砌部位需要的配筋应一次备齐,以备检查有无遗漏。尽量采用点焊钢筋网片,适当增加灰缝厚度(以钢筋片厚度上、下各有2 mm保护层为宜)。

(7)砌块墙体裂缝

砌块墙体易产生沿楼板的水平裂缝。底层窗台中部竖向裂缝,顶层两端角部阶梯形裂缝以及砌块周边裂缝等。

预防措施:为减少收缩,砌块出池后应有足够的静置时间(30~50d);清除砌块表面脱模剂及数尘等;采用粘结力强、和易性较好的砂浆砌筑,控制铺灰长度和灰缝厚度;设置心柱、圈梁、伸缩缝,在温度、收缩比较敏感的部位局配置水平钢筋。

(8)墙面渗水

砌块墙面及门窗框四周出现渗水、漏水现象。

预防措施：认真检验砌块质量，特别是抗渗性能；加强灰缝砂浆饱满度控制；杜绝墙体裂缝；门窗框周边嵌缝应在墙面抹灰前进行，而且要待固定门窗框铁脚的砂浆（或细石混凝土）达到一定强度后进行。

（9）层高超高

层高实际高度与设计高度的偏差超过允许偏差。

预防措施：保证配置砌筑砂浆的原材料符合质量要求，并且控制铺灰厚度和长度；砌筑前应根据砌块、梁、板的尺寸和规格，计算砌筑皮数，绘制皮数杆，砌筑时控制好每皮砌块的砌筑高度，对于原楼地面的标高误差，可在砌筑灰缝或圈梁、楼板找平层的允许误差内逐皮调整。

任务 3.5　复习思考题

1. 当施工中或验收时出现哪种情况时，可采用现场检验方法对砂浆和砌体强度进行原位检或取样检测？

2. 砖砌体工程验收的主控项目有哪些？检验方法怎样？检查数量怎样确定？

3. 砖砌体工程验收的主控项目有哪些？检验方法怎样？检查数量怎样确定？

任务 3-6　安全技术

知识目标：通过本任务的学习，掌握普通砖墙、多孔砖墙、空心砖墙砌筑安全措施。

技能目标：能够编制施工安全技术交底。

一、知识点

1. 在操作之前必须检查操作环境是否符合安全要求，道路是否畅通，机具是否完好牢固，安全设施和防护用品是否齐全，经检查符合要求后方可施工。

2. 砌基础时，应检查和经常注意基坑土质变化情况，有无崩裂现象。堆放砌筑材料应离开坑边 1m 以外。当深基坑装设挡土板或支撑时，操作人员应设梯子上下，不得攀跳。运料不得碰撞支撑，也不得踩踏砌体和支撑上下。

3. 墙身砌体高度超过地坪 1.2m 以上时，应搭设脚手架。在一层以上或高度超过 4m 时，采用里脚手架必须支搭安全网；采用外脚手架应设护身栏杆和挡脚板后方可砌筑。

4. 脚手架上堆料量不得超过规定荷载，堆砖高度不得超过 3 皮侧砖，同一块脚手板上的操作人员不应超过二人。

5. 在楼层（特别是预制板面）施工时，堆放机具、砖块等物品不得超过使用荷载。如超过荷载时，必须经过验算采取有效加固措施后，方可进行堆放及施工。

6. 不准站在墙顶上做划线、刮缝及清扫墙面或检查大角垂直等工作。

7. 不准用不稳固的工具或物体在脚手板面垫高操作，更不准在未经过加固的情况下，在一层脚手架上随意再叠加一层。

8. 砍砖时应面向内打，防止碎砖跳出伤人。

9. 用于垂直运输的吊笼、滑车、绳索、刹车等，必须满足负荷要求，牢固无损；吊运时不得超载，并须经常检查，发现问题及时修理。

10. 用起重机吊砖要用砖笼；吊砂浆的料斗不能装得过满。吊杆回转范围内不得有人停留，吊件落到架子上时，砌筑人员要暂停操作，并避开一边。

11. 砖、石运输车辆两车前后距离平道上不小于 2m，坡道上不小于 10m；装砖时要先取高处后取低处，防止垛倒砸人。

12. 已砌好的山墙，应临时用联系杆（如檩条等）放置各跨山墙上，使其联系稳定，或采取其他有效的加固措施。

13. 冬期施工时，脚手板上如有冰霜、积雪，应先清除后才能上架子进行操作。

14. 如遇雨天及每天下班时，要做好防雨措施，以防雨水冲走砂浆，致使砌体倒塌。

15. 在同一垂直面内上下交叉作业时，必须设置安全隔板，下方操作人员必须配戴安全帽。

16. 人工垂直往上或往下（深坑）转递砖石时，要搭递砖架子，架子的站人板宽度应不小于60cm。

17. 用锤打石时，应先检查铁锤有无破裂，锤柄是否牢固。打锤要按照石纹走向落锤，锤口要平，落锤要准，同时要看清附近情况有无危险，然后落锤，以免伤人。

18. 不准在墙顶或架上修改石材，以免震动墙体影响质量或石片掉下伤人。

19. 不准徒手移动上墙的料石，以免压破或擦伤手指。

20. 不准勉强在超过胸部以上的墙体上进行砌筑，以免将墙体碰撞倒塌或上石时失手掉下造成安全事故。

21. 石块不得往下掷。运石上下时，脚手板要钉装牢固，并钉防滑条及扶手栏杆。

22. 已经就位的砌块，必须立即进行竖缝灌浆；对稳定性较差的窗间墙、独立柱和挑出墙面较多的部位，应加临时稳定支撑，以保证其稳定性。

在台风季节，应及时进行圈梁施工，加盖楼板，或采取其他稳定措施。

23. 在砌块砌体上，不宜拉锚缆风绳，不宜吊挂重物，也不宜作为其他施工临时设施、支撑的支承点，如果确实需要时，应采取有效的构造措施。

24. 大风、大雨、冰冻等异常气候之后，应检查砌体是否有垂直度的变化，是否产生了裂缝，是否有不均匀下沉等现象。

二、技能训练

训练一：编制住宅楼砖砌体工程施工安全技术交底。

目的：通过训练，掌握安全技术交底的编制。

任务 3.6　复习思考题

1. 砌筑工程安全技术措施有哪些？（答对 15 条即可）

学习情境四　混凝土小型空心砌块砌体工程

学习指南：

本学习情境主要学习混凝土小型空心砌块砌体的构造、施工工艺、检查验收及安全技术。

知识目标：

通过本学习情境的学习，掌握混凝土小型空心砌块砌体的构造要求、砌筑工艺、质量验收要求和安全注意事项。

技能目标：

1. 能够编制混凝土小型空心砌块砌体的施工技术交底。

2. 能够进行混凝土小型空心砌块砌体现场质量检查。

一、知识点

砌块是指主规格中的长度、宽度或高度中有一项或一项以上分别大于 365 mm，240 mm 或 115 mm，但高度不大于长度或宽度的 6 倍、长度不超过高度 3 倍的人造墙体材料。砌块作为一种墙体材料，具有对建筑体系适应性强、砌筑灵活的特点，应用日益广泛。它可以充分利用地方废料和工业废料做原料。用砌块代替普通砖做墙体材料，是墙体改革的一个重要方向。

（一）砌块的分类

砌块按用途可以分为承重砌块与非承重砌块；按有无孔洞可以分为实心砌块与空心砌块；按所用材料的不同分为水泥混凝土砌块、粉煤灰硅酸盐砌块、加气混凝土砌块、轻骨料混凝土砌块等；按生产工艺分为烧结砌块和蒸压砌块等；按产品的规格大小不同可分为大型砌

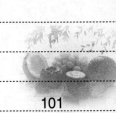

学习笔记

块、中型砌块和小型砌块等（砌块系列中主规格的高度大于 115mm 而小于 380mm 的称作小型砌块、高度为 380~980mm 称为中型砌块、高度大于 980mm 的称为大型砌块）。目前常用的砌块是普通混凝土小型空心砌块、轻骨料混凝土小型空心砌块、加气混凝土砌块、普通混凝土中型空心砌块、粉煤灰硅酸盐密实中型砌块和废渣混凝土空心中型砌块等。

（二）混凝土小型空心砌块

1. 普通混凝土小型空心砌块

普通混凝土小型空心砌块以水泥、砂、碎石或卵石、水等预制成的。

普通混凝土小型空心砌块主规格尺寸为 390mm×190mm×190mm，有两个方形孔，最小外壁厚应不小于 30mm，最小肋厚应不小于 25mm，空心率应不小于 25%（图 4-1）。

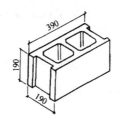

图 4-1 普通混凝土小型空心砌块（尺寸单位：mm）

普通混凝土小型空心砌块按其强度分为 MU3.5、MU5、MU7.5、MU10、MU15、MU20 六个强度等级。

普通混凝土小型空心砌块按其尺寸偏差、外观质量分为优等品、一等品和合格品。

普通混凝土小型空心砌块的尺寸允许偏差应符合表 4-1 的规定。

表 4-1 普通混凝土小型空心砌块尺寸允许偏差　　　　单位：mm

项目	优等品	一等品	合格品
长度	±2	±3	±3
宽度	±2	±3	±3
高度	±2	±3	+3，−4

普通混凝土小型空心砌块的外观质量应符合表 4-2 的规定。

学习笔记

表 4-2　普通混凝土小型空心砌块外观质量

项目		优等品	一等品	合格品
（1）弯曲（mm）不大于		2	2	2
（2）掉角缺棱	个数不大于	0	2	2
	三个方向投影尺寸的最小值（mm）不大于	0	20	30
（3）裂纹延伸的投影尺寸累计（mm）不大于		0	20	30

普通混凝土小型空心砌块的抗压强度应符合表 4-3 的规定

表 4-3　普通混凝土小型空心砌块强度

强度等级	砌块抗压强度（MPa）	
	5 块平均值不小于	单块最小值不小于
MU3.5	3.5	2.8
MU5	5.0	4.0
MU7.5	7.5	6.0
MU10	10.0	8.0
MU15	15.0	12.0
MU20	20.0	16.0

2. 轻骨料混凝土小型空心砌块

轻骨料混凝土小型空心砌块以水泥、轻骨料、砂、水等预制成的。

轻骨料混凝土小型空心砌块主规格尺寸为 390mm×190mm×190mm。按其孔的排数有：单排孔、双排孔、三排孔和四排孔等四类。

轻骨料混凝土小型空心砌块按其密度分为：500、600、700、800、900、1 000、1 200、1 400八个密度等级。

轻骨料混凝土小型空心砌块按其强度分为：MU1.5、MU2.5、MU3.5、MU5、MU7.5、MU10 六个强度等级。

103

轻骨料混凝土小型空心砌块按尺寸偏差、外观质量分为：优等品、一等品和合格品。

轻骨料混凝土小型空心砌块的尺寸允许偏差应符合表4-4的规定。

表4-4 轻骨料混凝土小型空心砌块尺寸允许偏差　　单位：mm

项目	优等品	一等品	合格品
长度	±2	±3	±3
宽度	±2	±3	±3
高度	±2	±3	+3，-4

注：最小外壁厚和肋厚不应小于20mm。

轻骨料混凝土小型空心砌块的外观质量应符合表4-5的规定。

表4-5 轻骨料混凝土小型空心砌块外观质量

项目	优等品	一等品	合格品
（1）缺棱掉角（个数）不多于	0	2	2
3个方向投影的最小值（mm）不大于	0	20	30
（2）裂缝延伸投影的累计尺寸（mm）不大于	0	30	30

轻骨料混凝土小型空心砌块的密度应符合表4-6的规定，其规定值允许最大偏差为100kg/m³。

表4-6 轻骨料混凝土小型空心砌块密度　　单位：kg/m³

密度等级	砌块干燥表现密度的范围是	密度等级	砌块干燥表现密度的范围是
500	≤500	900	810-900
600	510-600	1 000	910-1 000
700	610-700	1 200	1 010-1 200
800	710-800	1 400	1 210-1 400

104

轻骨料混凝土小型空心砌块的抗压强度，符合表4-7要求者为优等品或一等品；密度等级范围不满足要求者为合格品。

表 4-7　轻骨料混凝土小型空心砌块强度

强度等级	砌块抗压强度（MPa）		密度等级范围不大于
	5 块平均值不小于	单块最小值不小于	
MU1.5	1.5	1.2	800
MU2.5	2.5	2.0	
MU3.5	3.5	7.8	1200
MU5	5.0	4.0	
MU7.5	7.5	6.0	1400
MU10	10.0	8.0	

(三) 混凝土小型空心砌块砌体构造要求

1. 一般构造要求

混凝土小型空心砌块砌体所用的材料，除满足强度计算要求外，尚应符合下列要求：

（1）对室内地面以下的砌体，应采用普通混凝土小砌块和不低于 M5 的水泥砂浆。

（2）五层及五层以上民用建筑的底层墙体，应采用不低于 MU5 的混凝土小砌块和 M5 的砌筑砂浆。

（3）在墙体的下列部位，应用 C20 混凝土灌实砌块的孔洞：

1）底层室内地面以下或防潮层以下的砌体；

2）无圈梁的楼板支承面下的一皮砌块；

3）没有设置混凝土垫块的屋架、梁等构件支承面下，高度不应小于 600mm，长度应小于 600mm 的砌体；

4）挑梁支承面下，距墙中心线每边不应小于 300mm，高度不应小于 600mm 的砌体。

砌块墙与后砌隔墙交接处，应沿墙高每隔 400mm 在水平灰缝内设置不少于 2φ4、横筋间距不大于 200mm 的焊接钢筋网片，钢筋网片伸入后砌隔墙内不应小于 600mm（图 4-2）。

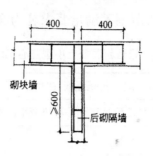

图4-2　砌块墙与后砌隔墙交接处钢筋网片（尺寸单位：mm）

2. 夹心墙构造

混凝土砌块夹心墙由内叶墙、外叶墙及其间拉结件组成（图4-3）。内外叶墙间设保温层。

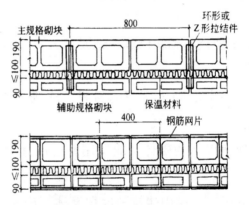

图4-3　混凝土砌块夹心墙（尺寸单位：mm）

内叶墙采用主规格混凝土小型空心砌块，外叶墙采用辅助规格（390mm×90mm×190mm）混凝土小型空心砌块。拉结件采用环形拉结件、Z形拉结件或钢筋网片。砌块强度等级不应低于MU10。

当采用环形拉结件时，钢筋直径不应小于4mm；当采用Z形拉结件时，钢筋直径不应小于6mm。拉结件应沿竖向梅花形布置，拉结件的水平和竖向最大间距分别不宜大于800mm和600mm；对有振动或有抗震设防要求时，其水平和竖向最大间距分别不宜大于800mm和400mm。

当采用钢筋网片作拉结件，网片横向钢筋的直径不应小于4mm，其间距不应大于400mm；网片的竖向间距不宜大于600mm，对有振动或有抗震设防要求时，不宜大于400mm。

拉结件在叶墙上的搁置长度不应小于叶墙厚度的2/3，并不应小于60mm。

3. 芯柱设置与构造要求

墙体的下列部位宜设置芯柱

（1）在外墙转角、楼梯间四角的纵横墙交接处的三个孔洞，宜设置混凝土芯柱；

（2）五层及五层以上的房屋，应在上述部位设置钢筋混凝土芯柱。

芯柱的构造要求如下：

（1）芯柱截面不宜小于120mm×120mm，宜用不低于C20的细石混凝土浇灌；

（2）钢筋混凝土芯柱每孔内插竖筋不应小于1ϕ10，底部应伸入室内地面下500mm或与基础圈梁锚固，顶部与屋盖圈梁锚固；

（3）在钢筋混凝土芯柱处，沿墙高每隔600mm应设ϕ4钢筋网片拉结，每边伸入墙体不小于600mm（图4-4）；

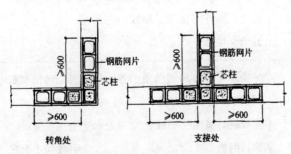

图4-4　钢筋混凝土芯柱处拉筋（尺寸单位：mm）

（4）芯柱应沿房屋的全高贯通，并与各层圈梁整体现浇，可采用图4-5所示的做法。

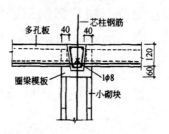

图4-5 芯柱贯穿楼板的构造（尺寸单位：mm）

在6~8度抗震设防的建筑物中，应按芯柱位置要求设置钢筋混凝土芯柱；对医院、教学楼等横墙较少的房屋，应根据房屋增加一层的层数，按表4-8的要求设置芯柱。

表4-8 抗震设防区混凝土小型空心砌块房屋芯柱设置要求

房屋层数			设置部位	设置数量
6度	7度	8度		
四	三	二	外墙转角、楼梯间四角、大房间内外墙交接处	
五	四	三		外墙转角灌实3个孔；内外墙交接处灌实4个孔
六	五	四	外墙转角、楼梯间四角、大房间内外墙交接处，山墙与内纵墙交接处，隔开间横墙（轴线）与外纵墙交接处	
七	六	五	外墙转角，楼梯间四角，各内墙（轴线）与外墙交接处；8度时，内纵墙与横墙（轴线）交接处和洞口两侧	外墙转角灌实5个孔；内外墙交接处灌实4个孔；内墙交接处灌实4~5个孔；洞口两侧各灌实1个孔

芯柱竖向插筋应贯通墙身且与圈梁连接；插筋不应小于1φ12。芯柱应伸入室外地下500mm或锚入浅于500mm基础圈梁内。芯柱混凝土应贯通楼板，当采用装配式钢筋混凝土楼板时，可采用图4-6的方式实施贯通措施。

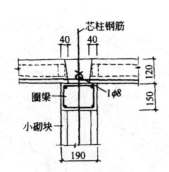

图 4-6　芯柱贯通楼板措施（尺寸单位：mm）

抗震设防地区芯柱与墙体连接处，应设置 φ4 钢筋网片拉结，钢筋网片每边伸入墙内不宜小于 1m，且沿墙高间隔 600mm 设置。

（四）小砌块砌体施工

普通混凝土小砌块不宜浇水。当天气干燥炎热时，可在砌块上稍加喷水润湿。轻集料混凝土小砌块施工前可洒水，但不宜过多。龄期不足 28d 及潮湿的小砌块不得进行砌筑。

应尽量采用主规格小砌块，小砌块的强度等级应符合设计要求，并应清除小砌块表面污物和芯柱用小砌块孔洞底部的毛边。

在房屋四角或楼梯间转角处设立皮数杆，皮数杆间距不得超过 15m。皮数杆上应画出各皮小砌块的高度及灰缝厚度。在皮数杆上相对小砌块上边线之间拉准线，小砌块依准线砌筑。

小砌块砌筑应从转角或定位处开始，内外墙同时砌筑，纵横墙交错搭接。外墙转角处应使小砌块隔皮露端面；T 字交接处应使横墙小砌块隔皮露端面，纵墙在交接处改砌两块辅助规格小砌块（尺寸为 290mm×190mm×190mm，一头开口），所有露端面用水泥砂浆抹平（图 4-7）。

小砌块应对孔错缝搭砌。上下皮小砌块竖向灰缝相互错开 190mm。个别情况当无法对孔砌筑时，普通混凝土小砌块错缝长度不应小于 90mm；轻骨料混凝土小砌块错缝长度不应小于 120mm。当不能保证此规定时，应在水平灰缝中设置 2φ4 钢筋网片，钢筋网片每端均应超过该垂直灰缝，其长度不得小于 300mm（图 4-8）。

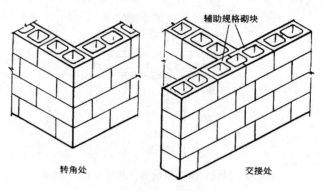

图 4-7　小砌块墙转角处及 T 字交接处砌法

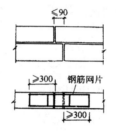

图 4-8　水平灰缝中拉结筋（尺寸单位：mm）

　　小砌块砌体的灰缝应横平竖直，全部灰缝均应铺填砂浆；水平灰缝的砂浆饱满度不得低于 90%；竖向灰缝的砂浆饱满度不得低于 80%；砌筑中不得出现瞎缝、透明缝。水平灰缝厚度和竖向灰缝宽度应控制在 8~12mm。当缺少辅助规格小砌块时，砌体通缝不应超过两皮砌块。

　　小砌块砌体临时间断处应砌成斜槎，斜槎长度不应小于斜槎高度的 2/3（一般按一步脚手架高度控制）；如留斜槎有困难，除外墙转角处及抗震设防地区，砌体临时间断处不应留直槎外，可从砌体面伸出200mm 砌成阴阳槎，并沿砌体高每三皮砌块（600mm），设拉结筋或钢筋网片，接槎部位宜延至门窗洞口（图 4-9）。

　　承重砌体严禁使用断裂小砌块或壁肋中有竖向凹形裂缝的小砌块砌筑，也不得采用小砌块与烧结普通砖等其他块体材料混合砌筑。

　　小砌块砌体内不宜设脚手眼，如必须设置时，可用辅助规格190mm×190mm×190mm 小砌块侧砌，利用其孔洞作脚手眼，砌体完工

学习笔记

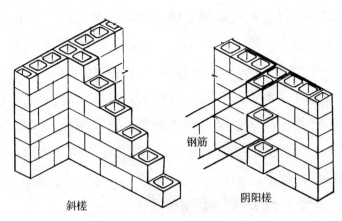

钢筋

斜槎　　　　　　　阴阳槎

图 4-9　小砌块砌体斜槎和直槎

后用 C15 混凝土填实。但在砌体下列部位不得设置脚手眼：

1. 过梁上部，与过梁成 60° 角的三角形及过梁跨度 1/2 范围内；

2. 宽度不大于 800mm 的窗间墙；

3. 梁和梁垫下及左右各 500mm 的范围内；

4. 门窗洞口两侧 200mm 内和砌体交接处 400mm 的范围内；

5. 设计规定不允许设脚手眼的部位。

小砌块砌体相邻工作段的高度差不得大于一个楼层高度或 4m。

常温条件下，普通混凝土小砌块的日砌筑高度应控制在 1.8m 轻骨料混凝土小砌块的日砌筑高度应控制在 2.4m 以内。

对砌体表面的平整度和垂直度，灰缝的厚度和砂浆饱满度应随时检查，校正偏差。在砌完每一楼层后，应校核砌体的轴线尺寸和标高，允许范围内的轴线及标高的偏差，可在楼板面上予以校正。

（五）芯柱施工

芯柱部位宜采用不封底的通孔小砌块，当采用半封底小砌块时，砌筑前必须打掉孔洞毛边。

在楼（地）面砌筑第一皮小砌块时，在芯柱部位，应用开口砌块（或 U 形砌块）砌出操作孔，在操作孔侧面宜预留连通孔，必须清除芯柱孔洞内的杂物及削掉孔内凸出的砂浆，用水冲洗干净，校正钢筋位置并绑扎或焊接固定后，方可浇灌混凝土。

学习笔记

芯柱钢筋应与基础或基础梁中的预埋钢筋连接，上下楼层的钢筋可在楼板面上搭接，搭接长度不应小于40d（d为钢筋直径）。

砌完一个楼层高度后，应连续浇灌芯柱混凝土。每浇灌400～500mm高度捣实一次，或边浇灌边捣实。浇灌混凝土前，先注入适量水泥砂浆。严禁灌满一个楼层后再捣实，宜采用插入式混凝土振动器捣实。混凝土坍落度不应小于50mm。砌筑砂浆强度达到1.0MPa以上方可浇灌芯柱混凝土。

（六）混凝土小砌块砌体质量验收

学习《砌体结构工程施工质量验收规范》GB 50203－2011第六章混凝土小型空心砌块砌体工程。

（七）安全要求

同3.6安全技术。

二、技能训练

训练一：混凝土小型空心砌块的砌筑

1. 目的

通过混凝土小型砌块的砌筑练习，操作者应掌握混凝土小型空心砌块砌体的施工工艺，并能够掌握砌块砌体的质量检查方法。

2. 作业条件

在实习工厂内安排学生进行练习。根据场地大小，安排学生砌筑一段中间带有洞口和转角的砌块墙，根据班级的学生数，把学生分成若干小组，合理安排好瓦工和普工比例，并进行轮换。

准备好砌筑工具，砌筑小砌块的主要砌筑工具有铺灰器、橡皮锤、灰铲、灰镏子、钢丝钳子、清灰勺等。

在砌筑前准备好主规格和辅助规格混凝土小型空心砌块。并把砌筑所需砂浆按要求制备好（为便于拆除可用黏土砂浆或石灰砂浆）。

3. 步骤提示：

（1）施工准备：在车间内的砌筑场地根据墙体尺寸及洞口尺寸绘制出砌块排列图，准备好砌筑所用工具，制作好砌筑用砂浆。根据砌块排列组砌图放出墙体的轴线、外边线、洞口线等位置线，并立好皮数杆。

（2）排砖撂底：预排砌块时应尽量采用主规格，从转角或定位处开始向一侧进行。内外墙同时排砖。上下皮之间应错缝搭接，错缝搭接的长度一般为砌块长度的1/2，最小搭接长度不得小于砌块高度的1/3和150 mm。

（3）砌筑墙体：砌块应底面朝上，砌体转角和纵横墙交接处应同时砌筑。砲筑必须每批顺砌且采用单面挂线，上下皮应对孔错缝搭砌。必须及时吊靠。砌筑皮数、灰缝厚度、标高应与皮数杆相应的标志一致。小砌块砌筑时应逐块铺砌，水平灰缝宜采用坐浆满铺法，垂直灰缝可先在砌块端头铺满砂浆，然后将砌块上墙挤压至要求的尺寸。水平灰缝和垂直灰缝的宽度应控制在8~12mm之间。砌筑时应随砌随检查随纠正。

（4）质量检查：当砌筑完毕后，应按照主控项目、一般项目和外观质量进行检查。

（5）检查完砌筑质量后，及时拆除所砲墙体，把场地清理干净，并做好轮换工作。

学习情境四　复习思考题

1. 小砌块的一般构造要求有哪些？
2. 简述夹心墙构造要求？
3. 简述芯柱设置及构造要求。
4. 小砌块施工要点有哪些？
5. 砌块砌体哪些部位不能留置脚手架眼？
6. 砌块砌体验收主控项目、一般项目有哪些？
7. 什么是砌块排列图？

学习情境五　石砌体工程

学习指南：本学习情境主要学习毛石砌体、料石砌体的相关知识，并进行砌筑及质量检查训练。

知识目标：通过完成本学习任务，掌握毛石、料石的砌筑要点、组砌方法、质量要求和安全注意事项。

技能目标：能够编制料石砌体施工工艺，并能进行质量检查。

一、知识点

（一）砌筑用石

石砌体所用的石材应质地坚实，无风化剥落和裂纹。用于清水墙、柱表面的石材，应色泽均匀。

砌筑用石有毛石和料石两类。

毛石分为乱毛石和平毛石。乱毛石是指形状不规则的石块；平毛石是指形状不规则，但有两个平面大致平行的石块。毛石应呈块状，其中部厚度不宜小于150mm。

料石按其加工面的平整程度分为细料石、粗料石和毛料石三种。料石各面的加工要求，应符合表5-1的规定。料石加工的允许偏差应符合表5-2的规定。料石的宽度、厚度均不宜小于200mm，长度不宜大于厚度的4倍。

表 5-1　料石各面的加工要求

料石种类	外露面及相接周边的表面凹入深度	叠砌面和接砌面的表面凹入深度
细料石	不大于 2mm	不大于 10mm
粗料石	不大于 20mm	不大于 20mm
毛料石	稍加修整	不大于 25mm

注：相接周边的表面是指叠砌面、接砌面与外露面相接处 20~30mm 范围内的部分。

表 5-2　料石加工允许偏差

料石种类	加工允许偏差（mm）	
	宽度、厚度	长度
细料石	±3	±5
粗料石	±5	±7
毛料石	±10	±15

注：如设计有特殊要求，应按设计要求加工。

石材的强度等级：MU100、MU80、MU60、MU50、MU40、MU30、MU20。

（二）毛石砌体

1. 毛石砌体砌筑要点

毛石砌体应采用铺浆法砌筑。砂浆必须饱满，叠砌面的粘灰面积（即砂浆饱满度）应大于 80%。

毛石砌体宜分皮卧砌，各皮石块间应利用毛石自然形状经敲打修整，使其能与先砌毛石基本吻合、搭砌紧密。毛石应上下错缝，内外搭砌，不得采用外面侧立毛石中间填心的砌筑方法。中间不得有铲口石（尖石倾斜向外的石块）、斧刃石（尖石向下的石块）和过桥石（仅在两端搭砌的石块），见图 5-1。

毛石砌体的灰缝厚度宜为 20~30mm，石块间不得有相互接触现象。石块间较大的空隙应先填塞砂浆后用碎石块嵌实，不得采用先摆碎石块后塞砂浆或干填碎石块的方法。

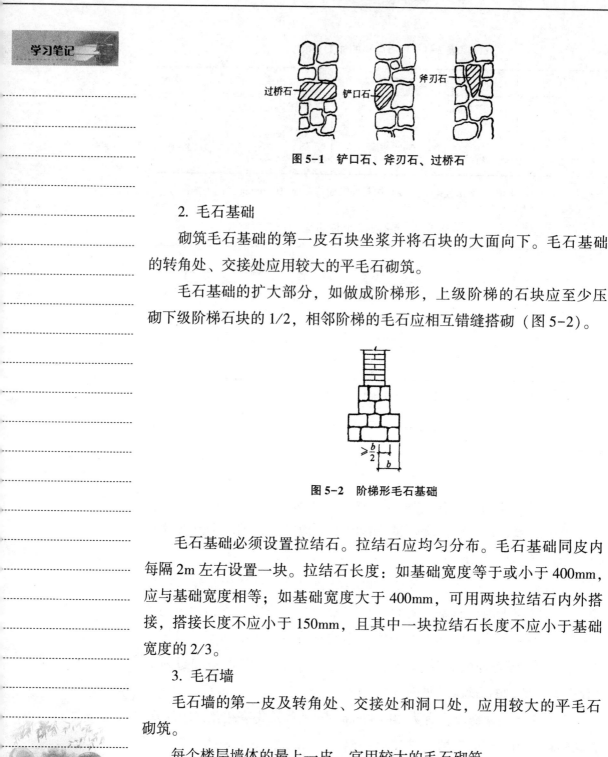

图 5-1　铲口石、斧刃石、过桥石

2. 毛石基础

砌筑毛石基础的第一皮石块坐浆并将石块的大面向下。毛石基础的转角处、交接处应用较大的平毛石砌筑。

毛石基础的扩大部分，如做成阶梯形，上级阶梯的石块应至少压砌下级阶梯石块的 1/2，相邻阶梯的毛石应相互错缝搭砌（图 5-2）。

图 5-2　阶梯形毛石基础

毛石基础必须设置拉结石。拉结石应均匀分布。毛石基础同皮内每隔 2m 左右设置一块。拉结石长度：如基础宽度等于或小于 400mm，应与基础宽度相等；如基础宽度大于 400mm，可用两块拉结石内外搭接，搭接长度不应小于 150mm，且其中一块拉结石长度不应小于基础宽度的 2/3。

3. 毛石墙

毛石墙的第一皮及转角处、交接处和洞口处，应用较大的平毛石砌筑。

每个楼层墙体的最上一皮，宜用较大的毛石砌筑。

毛石墙必须设置拉结石。拉结石应均匀分布，相互错开。毛石墙一般每0.7m²墙面至少设置一块，且同皮内拉结石的中距不应大于2m。拉结石的长度：如墙厚等于或小于400mm，应与墙厚相等；如墙厚大于400mm，可用两块拉结石内外搭接，搭接长度不应小于150mm，且其中一块拉结石长度不应小于墙厚的2/3。

毛石墙每日砌筑高度，不应超过1.2m。

在毛石和烧结普通砖的组合墙中，毛石砌体与砖砌体应同时砌筑，并每隔4~6皮砖用2~3皮丁砖与毛石砌体拉结砌合，两种砌体间的空隙应用砂浆填满（图5-3）。

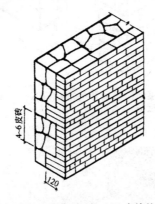

图5-3 毛石和砖组合墙（尺寸单位：mm）

毛石墙和砖墙相接的转角处和交接处应同时砌筑。

转角处应自纵墙（或横墙）每隔4~6皮砖高度引出不小于120mm与横墙（或纵墙）相接（图5-4）。

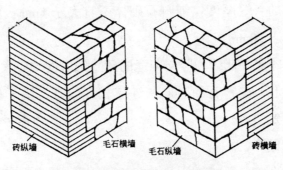

砖纵墙　　毛石横墙　　毛石纵墙　　砖横墙

图5-4 转角处毛石墙和砖墙相接

学习笔记

交接处应自纵墙每隔 4~6 皮砖高度引出不小于 120mm 与横墙相接（图 5-5）。

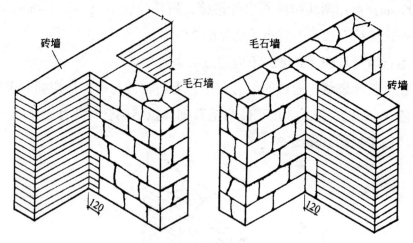

图 5-5　交接处毛石墙和砖墙相接（尺寸单位：mm）

毛石墙的转角处和交接处应同时砌筑。对不能同时砌筑而又必须留置的临时间断处，砌成踏步槎。

（三）料石砌体

1. 料石砌体砌筑要点

料石砌体应采用铺浆法砌筑，料石应放置平稳，砂浆必须饱满。砂浆铺设厚度应略高于规定灰缝厚度，其高出厚度：细料石宜为 3~5mm；粗料石、毛料石宜为 6~8mm。

料石砌体的灰缝厚度：细料石砌体不宜大于 5mm；粗料石和毛料石砌体不宜大于 20mm。

料石砌体的水平灰缝和竖向灰缝的砂浆饱满度均应大于 80%。

料石砌体上下皮料石的竖向灰缝应相互错开，错开长度应不小于料石宽度的 1/2。

2. 料石基础

料石基础的第一皮料石应坐浆丁砌，以上各层料石可按一顺一丁进行砌筑。阶梯形料石基础，上级阶梯的料石至少压砌下级阶梯料石的 1/3（图 5-6）。

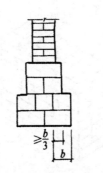

图5-6　阶梯形料石基础

3. 料石墙

料石墙厚度等于一块料石宽度时，可采用全顺砌筑形式。料石墙厚度等于两块料石宽度时，可采用两顺一丁或丁顺组砌的砌筑形式（图5-7）。

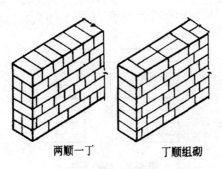

两顺一丁　　　　丁顺组砌

图5-7　料石墙砌筑形式

两顺一丁是两皮顺石与一皮丁石相间。丁顺组砌是同皮内顺石与丁石相间，可一块顺石与丁石相间，或两块顺石与一块丁石相间。在料石和毛石或砖的组合墙中，料石砌体和毛石砌体或砖砌体应同时砌筑，并每隔2~3皮料石层，用丁砌层与毛石砌体或砖砌体拉结砌合。丁砌料石的长度宜与组合墙厚度相同（图5-8）。

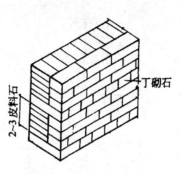

图 5-8　料石和砖组合墙

4. 料石平拱

用料石作平拱，应按设计要求加工。如设计无规定，则料石应加工成楔形，斜度应预先设计，拱两端部的石块，在拱脚处坡度以 60°为宜。平拱石块数应为单数，厚度与墙厚相等，高度为二皮料石高。拱脚处斜面应修整加工，使拱石相吻合（图 5-9）。

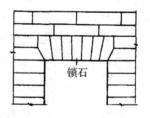

图 5-9　料石平拱

砌筑时，应先支设模板，并以两边对称地向中间砌，正中一块锁石要挤紧。所用砂浆强度等级不应低于 M10，灰缝厚度宜为 5mm。

养护到砂浆强度达到其设计强度的 70%以上时，才可拆除模板。

5. 料石过梁

用料石作过梁，如设计无规定时，过梁的高度应为 200~450mm，过梁宽度与墙厚相同。过梁净跨度不宜大于 1.2m，两端各伸入墙内长度不应小于 250mm。

过梁上续砌墙时，其正中石块长度不应小于过梁净跨度的 1/3，其两旁应砌不小于 2/3 过梁净跨度的料石（图 5-10）。

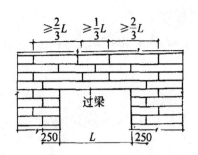

图 5-10　料石过梁（尺寸单位：mm）

（四）石挡土墙

石挡土墙可采用毛石或料石砌筑。

砌筑毛石挡土墙应符合下列规定（图 5-11）：

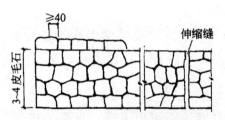

图 5-11　毛石挡土墙立面（尺寸单位：mm）

1. 每砌 3~4 皮毛石为一个分层高度，每个分层高度应找平一次；

2. 外露面的灰缝厚度不得大于 40mm，两个分层高度间分层处的错缝不得小于 80mm。

料石挡土墙宜采用丁顺组砌的砌筑形式。当中间部分用毛石填砌时，丁砌料石伸入毛石部分的长度不应小于 200mm。

石挡土墙的泄水孔当设计无规定时，施工应符合下列规定：

1. 泄水孔应均匀设置，在每 m 高度上间隔 2m 左右设置一个泄水孔；

2. 泄水孔与土体间铺设长宽各为 300mm、厚 200mm 的卵石或碎石作疏水层；

3. 挡土墙内侧回填土必须分层夯填，分层松土厚度应为 300mm。墙顶土面应有适当坡度使流水流向挡土墙外侧面。

（五）石砌体质量验收

学习《砌体结构工程施工质量验收规范》GB 50203-2011 第七章石砌体工程。

（六）安全要求

同 3.6 安全技术

二、技能训练

训练一：毛石墙体砌筑

1. 目的

掌握毛石墙体的施工工艺、质量检查方法。

2. 作业条件

把学生分成若干个小组，安排学生在实训中心内进行毛石墙的砌筑训练，根据场地条件，砌筑一段高不超过 1.2 m 的毛石墙，并做好每组操作的轮换工作。

准备好砌筑毛石墙体的所用工具。主要工具有小线、线坠、大锤、手锤、大铲、瓦刀、中平锹、直尺、角尺、灰槽和钢丝刷等。

准备好砌筑毛石墙体用的材料。石料应呈块状，中部厚度不宜小于200 mm，使用前应用水冲洗干净毛石表面的污垢、锈迹。制备好砌筑所用砂浆。

3. 步骤提示

（1）砌筑准备：先清扫基面，然后弹出墙体中心线及边线，在墙体两端树立样杆，两样杆之间拉准线以控制每皮毛石的进出位置。

（2）试排摆底：砌筑毛石前应先试摆，使石料大小搭配好。大面平放朝下，外露表面整齐，斜口朝内，各皮毛石间保证利用自然形状经敲打修整使其能与先砌毛石基本吻合，搭砌紧密。

（3）墙体砌筑：毛石墙体砌筑应双面挂线。毛石砌筑采用铺浆法，用较大平毛石先砌转角处，砌筑时逐块卧砌坐浆，上下皮毛石应互相错缝，内外搭砌，石块间较大的空隙应先填砂浆，后用碎石嵌实。砌筑每3~4层应大致找平一次。

（4）顶部找平、勾缝：毛石墙砌到指定高度时应用较平整的大石块压顶并用水泥砂浆全面找平。勾缝时先清除墙面上粘结的砂浆、泥浆、杂物和污渍，然后将灰缝刮深 10~20mm，并用水喷洒墙面。勾缝线条应顺石缝进行。

（5）质量检查：当砌筑完毕后，应按照主控项目、一般项目和外观质量进行检查。

（6）墙体拆除和场地清理。

训练二：料石墙的砌筑

1. 目的

掌握料石墙体的施工工艺、质量检查方法。

2. 作业条件

安排学生在实训中心内进行料石墙的砌筑训练。砌筑一段高不超过 1.2m 的料石墙。

准备好砌筑料石墙体的所用工具。主要工具有皮数杆、托线板、小线、线坠、手锤、手凿、大铲、瓦刀、钢卷尺、角尺、水平尺、灰槽和钢丝刷等。

准备好砌筑料石用的材料。石料应呈块状，中部厚度不宜小于200mm，使用前应用水冲洗干净料石表面。

3. 步骤提示

（1）砌筑准备：先清扫基面，然后弹出墙体中心线及边线。立皮数杆并根据每皮料石的高度和灰缝厚度，在皮数杆上标明皮数及竖向构造的变化部位。

（2）试排摆底：料石砌筑前必须按照组砌图将料石试排。

（3）墙体砌筑：料石砌体的组砌形式有全顺叠砌、丁顺叠砌和丁顺组砌。料石墙体砌筑应双面挂线。料石砌筑采用铺浆法，铺设时灰缝厚度应高于规定厚度，砌筑时先将料石里口落下，再慢慢移动就位，校正垂直与水平。校正到正确位置后再向竖缝中灌浆。

（4）勾缝：料石墙勾缝前将灰缝刮深 20~30mm，并用水喷洒墙面。勾缝应采用加浆勾缝。

（5）质量检查：当砌筑完毕后，应按照主控项目、一般项目和外观质量进行检查。

学习情境五　复习思考题

1. 简述毛石基础的施工要点。
2. 试述毛石与实心砖组合墙的组砌形式。
3. 简述料石墙的施工工艺。
4. 石砌体施工时应注意哪些安全事项？

学习情境六　配筋砌体工程

学习指南：

本学习情境主要讲述配筋砖砌体、配筋砌块砌体砌筑的有关知识及进行相关技能训练。

　　知识目标： 掌握配筋砖砌体和混凝土小型空心砌块配筋砌体的砌筑工艺、质量要求和安全注意事项。

　　技能目标： 能够编制配筋砌体的施工方案并能够进行质量检查。

一、知识点

配筋砖砌体有面层和砖组合砌体、构造柱和砖组合砌体、网状配筋砖砌体、配筋砌块砌体等几种形式。

（一）面层和砖组合砌体

1. 面层和砖组合砌体构造

面层和砖组合砌体有组合砖柱、组合砖垛、组合砖墙（图6-1）。

面层和砖组合砌体由烧结普通砖砌体、混凝土或砂浆面层以及钢筋等组成。

烧结普通砖砌体，所用砌筑砂浆强度等级不得低于M7.5，砖的强度等级不宜低于MU10。

混凝土面层，所用混凝土强度等级宜采用C20。混凝土面层厚度应大于45mm。

砂浆面层，所用水泥砂浆强度等级不得低于M7.5。砂浆面层厚度为30~45mm。

竖向受力钢筋宜采用HPB235级钢筋，对于混凝土面层，亦可采用

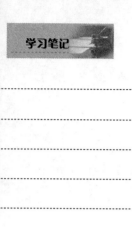
学习笔记

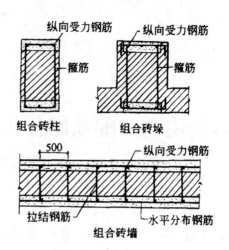

图 6-1　面层和砖组合砌体（尺寸单位：mm）

HRB335 级钢筋。受力钢筋的直径不应小于 8mm。钢筋的净间距不应小于 30mm。受拉钢筋的配筋率，不应小于 0.1%。受压钢筋一侧的配筋率，对砂浆面层，不宜小于 0.1%；对混凝土面层，不宜小于 0.2%。

箍筋的直径，不宜小于 4mm 及 0.2 倍的受压钢筋直径，并不宜大于 6mm。箍筋的间距不应大于 20 倍受压钢筋的直径及 500mm，并不应小于 120mm。

当组合砖砌体一侧受力钢筋多于 4 根时，应设置附加箍筋或拉结钢筋。

对于组合砖墙，应采用穿通墙体的拉结钢筋作为箍筋，同时设置水平分布钢筋。水平分布钢筋竖向间距及拉结钢筋的水平间距，均不应大于 500mm。

受力钢筋的保护层厚度，不应小于表 6-1 中的规定。受力钢筋距砖砌体表面的距离，不应小于 5mm。

表 6-1　保护层厚度

组合	保护层厚度（mm）	
	室内正常环境	露天或室内潮湿环境
组合砖墙	15	25
组合砖柱、砖垛	25	35

注：当面层为水泥砂浆时，对于组合砖柱，保护层厚度可减小 5mm。

2. 面层和砖组合砌体施工

组合砖砌体应按下列顺序施工：

（1）砌筑砖砌体，同时按照箍筋或拉结钢筋的竖向间距，在水平灰缝中铺置箍筋或拉结钢筋；

（2）绑扎钢筋：将纵向受力钢筋与箍筋绑牢，在组合砖墙中，将纵向受力钢筋与拉结钢筋绑牢，将水平分布钢筋与纵向受力钢筋绑牢；

（3）在面层部分的外围分段支设模板，每段支模高度宜在 500mm 以内，浇水润湿模板及砖砌体面，分层浇灌混凝土或砂浆，并捣实；

（4）待面层混凝土或砂浆的强度达到其设计强度的 30% 以上，方可拆除模板。如有缺陷应及时修整。

（二）构造柱和砖组合砌体

1. 构造柱和砖组合砌体构造

构造柱和砖组合砌体仅有组合砖墙（图 6-2）。

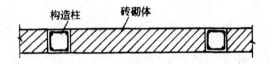

图 6-2　构造柱和砖组合墙

构造柱和砖组合墙由钢筋混凝土构造柱、烧结普通砖墙以及拉结钢筋等组成。

钢筋混凝土构造柱的截面尺寸不宜小于 240mm×240mm，其厚度不应小于墙厚，边柱、角柱的截面宽度宜适当加大。构造柱内竖向受力钢筋，对于中柱不宜少于 4φ12；对于边柱、角柱，不宜少于 4φ14。构造柱的竖向受力钢筋的直径也不宜大于 16mm。其箍筋，一般部位宜采用 φ6，间距 200mm；楼层上下 500mm 范围内宜采用 φ6、间距 100mm。构造柱的竖向受力钢筋应在基础梁和楼层圈梁中锚固，并应符合受拉钢筋的锚固要求。构造柱的混凝土强度等级不宜低于 C20。

烧结普通砖墙，所用砖的强度等级不应低于 MU10，砌筑砂浆的强度等级不应低于 M5。砖墙与构造柱的连接处应砌成马牙槎，每一个马

学习笔记

牙槎的高度不宜超过 300mm，并应沿墙高每隔 500mm 设置 2φ6 拉结钢筋，拉结钢筋每边伸入墙内不宜小于 600mm（图 6-3）。

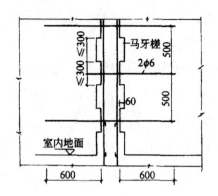

图 6-3　砖墙与构造柱连接（尺寸单位：mm）

构造柱和砖组合墙的房屋，应在纵横墙交接处、墙端部和较大洞口的洞边设置构造柱，其间距不宜大于 4m。各层洞口宜设置在对应位置，并宜上下对齐。

构造柱和砖组合墙的房屋，应在基础顶面、有组合墙的楼层处设置现浇钢筋混凝土圈梁。圈梁的截面高度不宜小于 240mm。

2. 构造柱和砖组合砌体施工

构造柱和砖组合墙的施工程序，应为先砌墙后浇混凝土构造柱。构造柱施工程序为：绑扎钢筋、砌砖墙、支模板、浇混凝土、拆模。

构造柱的模板可用木模板或组合钢模板。在每层砖墙及其马牙槎砌好后，应立即支设模板且必须与所在墙的两侧严密贴紧，支撑牢靠，防止模板缝漏浆。

构造柱的底部（圈梁面上）应留出 2 皮砖高的孔洞，以便清除模板内的杂物，清除后封闭。

构造柱浇灌混凝土前，必须将马牙槎部位和模板浇水湿润，将模板内的落地灰、砖渣等杂物清理干净，并在结合面处注入适量与构造柱混凝土相同的水泥砂浆。

构造柱的混凝土坍落度宜为 50~70mm，石子粒径不宜大于 20mm。混凝土随拌随用，拌合好的混凝土应在 1.5h 内浇灌完。

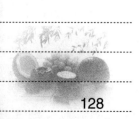

构造柱的混凝土浇灌可以分段进行，每段高度不宜大于 2.0m。在施工条件较好并能确保混凝土浇灌密实时，亦可每层一次浇灌。

捣实构造柱混凝土时，宜用插入式混凝土振动器，应分层振捣。振动棒随振随拔，每次振捣层的厚度不应超过振捣棒长度的 1.25 倍。振捣棒应避免直接碰触砖墙，严禁通过砖墙传振。构造柱钢筋的保护层厚度宜为 20~30mm。

构造柱与砖墙连接的马牙槎内的混凝土必须密实饱满。

构造柱从基础到顶层必须垂直，对准轴线。在逐层安装模板前，必须根据构造柱轴线随时校正竖向钢筋的位置和垂直度。

（三）网状配筋砖砌体

1. 网状配筋砖砌体构造

网状配筋砖砌体有配筋砖柱、砖墙，即在烧结普通砖砌体的水平灰缝中配置钢筋网（图6-4）。

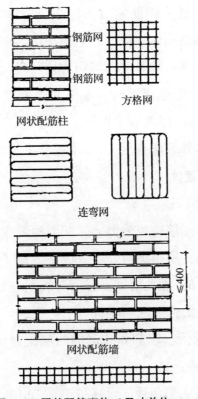

图6-4　网状配筋砌体（尺寸单位：mm）

学习笔记

网状配筋砖砌体，所用烧结普通砖强度等级不应低于 MU10，砂浆强度等级不应低于 M7.5。

钢筋网可采用方格网或连弯网。方格网的钢筋直径宜采用 3~4mm；连弯网的钢筋直径不应大于 8mm。钢筋网中钢筋的间距，不应大于 120mm，并不应小于 30mm。

钢筋网在砖砌体中的竖向间距，不应大于五皮砖高，并不应大于 400mm。当采用连弯网时，网的钢筋方向应互相垂直，沿砖砌体高度交错设置，钢筋网的竖向间距取同一方向网的间距。

设置钢筋网的水平灰缝厚度，应保证钢筋上下至少各有 2mm 厚的砂浆层。

2. 网状配筋砖砌体施工

钢筋网应按设计规定制作成型。

砖砌体部分用常规方法砌筑。在配置钢筋网的水平灰缝中，应先铺一半厚的砂浆层，放入钢筋网后再铺一半厚砂浆层，使钢筋网居于砂浆层厚度中间。钢筋网四周应有砂浆保护层。

配置钢筋网的水平灰缝厚度：当用方格网时，水平灰缝厚度为 2 倍钢筋直径加 4mm；当用连弯网时，水平灰缝厚度为钢筋直径加 4mm。确保钢筋上下各有 2mm 厚的砂浆保护层

网状配筋砖砌体外表面宜用 1∶1 水泥砂浆勾缝或进行抹灰。

（四）配筋砌块砌体

1. 配筋砌块砌体构造

配筋砌块砌体有配筋砌块剪力墙、配筋砌块柱。

配筋砌块剪力墙，所用砌块强度等级不应低于 MU10；砌筑砂浆强度等级不应低于 M7.5；灌孔混凝土强度等级不应低于 C20。

配筋砌体剪力墙的构造配筋应符合下列规定：

（1）应在墙的转角、端部和孔洞的两侧配置竖向连续的钢筋，钢筋直径不宜小于 12mm；

（2）应在洞口的底部和顶部设置不小于 2φ10 的水平钢筋，其伸入墙内的长度不宜小于 35d 和 400mm（d 为钢筋直径）；

（3）应在楼（屋）盖的所有纵横墙处设置现浇钢筋混凝土圈梁，圈梁的宽度和高度宜等于墙厚和砌块高，圈梁主筋不应少于4φ10，圈梁的混凝土强度等级不宜低于同层混凝土砌块强度等级的2倍，或该层灌孔混凝土的强度等级，也不应低于C20；

（4）剪力墙其他部位的竖向和水平钢筋的间距不应大于墙长、墙高之半，也不应大于1200mm。对局部灌孔的砌块砌体，竖向钢筋的间距不应大于600mm；

（5）剪力墙沿竖向和水平方向的构造配筋率均不宜小于0.07%。

配筋砌块柱所用材料的强度要求同配筋砌块剪力墙。

配筋砌块柱截面边长不宜小于400mm，柱高度与柱截面短边之比不宜大于30。

配筋砌块柱的构造配筋应符合下列规定（图6-5）：

（1）柱的纵向钢筋的直径不宜小于12mm，数量不少于4根，全部纵向受力钢筋的配筋率不宜小于0.2%；

（2）箍筋设置应根据下列情况确定：

①当纵向受力钢筋的配筋率大于0.25%，且柱承受的轴向力大于受压承载力设计值的25%时，柱应设箍筋；当配筋率≤0.25%时，或柱承受的轴向力小于受压承载力设计值的25%时，柱中可不设置箍筋；

竖向受力钢筋　　　箍筋

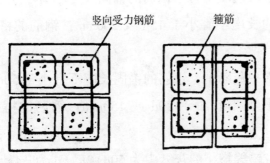

图6-5 配筋砌块柱配筋

②箍筋直径不宜小于6mm；

③箍筋的间距不应大于16倍的纵向钢筋直径、48倍箍筋直径及柱截面短边尺寸中较小者；

④箍筋应做成封闭状，端部应有弯钩；

⑤箍筋应设置在水平灰缝或灌孔混凝土中。

2. 配筋砌块砌体施工

配筋砌块砌体施工前，应按设计要求，将所配置钢筋加工成型，堆置于配筋部位的近旁。

砌块的砌筑应与钢筋设置互相配合。

砌块的砌筑应采用专用的小砌块砌筑砂浆和专用的小砌块灌孔混凝土。

钢筋的设置应注意以下几点：

（1）钢筋的接头

钢筋直径大于 22mm 时宜采用机械连接接头，其他直径的钢筋可采用搭接接头，并应符合下列要求：

①钢筋的接头位置宜设置在受力较小处；

②受拉钢筋的搭接接头长度不应小于 $1.1L_a$，受压钢筋的搭接接头长度不应小于 $0.7L_a$（L_a 为钢筋锚固长度），并不应小于 300mm；

③当相邻接头钢筋的间距不大于 75mm 时，其搭接长度应为 $1.2L_a$ 当钢筋间的接头错开 20d 时（d 为钢筋直径），搭接长度可不增加。

（2）水平受力钢筋（网片）的锚固和搭接长度

①在凹槽砌块混凝土带中钢筋的锚固长度不宜小于 30d，且其水平或垂直弯折段的长度不宜小于 15d 或 200mm；钢筋的搭接长度不宜小于 35d；

②在砌体水平灰缝中，钢筋的锚固长度不宜小于 50d，且其水平或垂直弯折段的长度不宜小于 20d 或 150mm；钢筋的搭接长度不宜小于 55d；

③在隔皮或错缝搭接的灰缝中为 50d+2h（d 为灰缝受力钢筋直径，h 为水平灰缝的间距）。

（3）钢筋的最小保护层厚度

①灰缝中钢筋外露砂浆保护层不宜小于 15mm；

②位于砌块孔槽中的钢筋保护层，在室内正常环境不宜小于 20mm；在室外或潮湿环境中不宜小于 30mm；

③对安全等级为一级或设计使用年限大于 50 年的配筋砌体，钢筋保护层厚度应比上述规定至少增加 5mm。

（4）钢筋的弯钩

钢筋骨架中的受力光面钢筋，应在钢筋末端作弯钩，在焊接骨架、焊接网以及受压构件中，可不作弯钩；绑扎骨架中的受力变形钢筋，在钢筋的末端可不作弯钩。弯钩应为 180^0 弯钩。

（5）钢筋的间距

①两平行钢筋间的净距不应小于 25mm；

②柱和壁柱中的竖向钢筋的净距不宜小于 40mm（包括接头处钢筋间的净距）。

（五）配筋砌体质量检查

学习《砌体结构工程施工质量验收规范》GB 50203-2011 第八章配筋砌体工程。

（六）安全要求

同 3.6 安全技术

二、技能训练

训练一：网状配筋砖砌体的砌筑

1. 目的

掌握网状配筋砖砌体的施工工艺、质量检查方法。

2. 作业条件

安排学生在实习工厂内进行网状配筋砖柱的砌筑实训。

砌筑工具：瓦刀（大铲）、刨锛、托灰板、砖夹、铁锹、灰槽、灰勺等。

质量检测工具：钢卷尺、托线板（靠尺）、吊线锤、塞尺、水平尺、准线、百格网、方尺等。

准备好砌筑所用材料。砌筑所用材料有烧结普通砖、水泥混合砂浆、按照砖柱的尺寸准备好钢筋网。

3. 步骤提示

（1）作业准备：把砌筑所用砖提前一天浇水湿润。按照砖柱的设计尺寸把钢筋网加工好，把砌筑所用砂浆配制好。

（2）排砖撂底：砌筑前应先选择组砌方法，根据柱的断面尺寸预摆砖。无论选择哪种砌法都应使柱面上下皮砖的竖缝互相错开 1/2 砖长或 1/4 砖长，柱心无通天缝，少打砖，严禁包心砌法。干摆 2~4 皮砖，使排列方法符合原则要求，便可正式砌筑。

（3）立杆挂线：在每个柱边立皮数杆，皮数杆上标出每皮砖的砌筑高度、灰缝厚度和钢筋网片的设置位置。在相邻柱间挂通线砌筑。

（4）砖柱砌筑：砖柱宜采用"三一"砌砖法。水平灰缝和竖直灰缝宽度宜为 10mm。放置钢筋网的灰缝应保证钢筋网片上下至少应有 2mm 的砂浆保护层。砖柱要砌得方正，灰缝均匀。砌筑到 3~5 皮砖时，四角要用吊线锤和托线板检查，修正偏差。

（5）质量检查：当砌筑完毕后，应按照主控项目、一般项目和外观质量进行检查。

学习情境六　复习思考题

1. 简述配筋砖砌体的施工工艺。

2. 配筋砌块砌体在砌筑前应做好哪些准备工作？

3. 配筋砌块彻筑应该注意哪些安全事项？

4. 简述配筋砌块砌体工程的构造。

学习情境七　加气混凝土砌块工程

学习指南：

本学习情境以加气混凝土填充墙为载体，学习与加气混凝土砌块工程施工相关的知识，并进行相应的技能训练。首先读图——附录2《多层框架结构房屋施工图》，假定你现在就是本项目的施工员，请你对加气混凝土填充墙分项工程做一个施工技术交底，做一个质量检查验收的方案，并在施工现场做好施工质量的控制。

知识目标： 1. 了解加气混凝土砌块的尺寸规格、强度；

2. 掌握加气混凝土砌块砌体的构造要求，施工工艺；

3. 掌握加气混凝土砌块砌体检查验收标准与方法。

技能目标： 1. 能够编制加气混凝土填充墙工程的施工技术交底。

2. 能进行加气混凝土填充墙工程现场质量检查。

一、知识点

（一）加气混凝土砌块

加气混凝土砌块以水泥、矿渣、砂、石灰等为主要原料，加入发气剂，经搅拌成型、蒸压养护而成的实心砌块。

加气混凝土砌块的规格尺寸见表7-1。

表 7-1　加气混凝土砌块的规格尺寸　　　　　单位：mm

砌块公称尺寸			砌块制作尺寸		
长度 L	宽度 B	高度 H	长度 L_1	宽度 B_1	高度 H_1
600	100 125 150 200	200	L-10	B	H-10
	250 300	250			
	120 180 240	300			

加气混凝土砌块按其抗压强度分为：A1、A2、A2.5、A3.5、A5、A7.5、A10 七个强度等级。

加气混凝土砌块按其密度分为：B03、B04、B05、B06、B07、B08 六个密度级别。

加气混凝土砌块按尺寸偏差与外观质量、密度和抗压强度分为优等品、一等品和合格品。

加气混凝土砌块的尺寸允许偏差和外观质量应符合表 7-2 的规定。

表 7-2　加气混凝土砌块尺寸允许偏差和外观质量　　　　　单位：mm

项目		指　　标		
		优等品	一等品	合格品
(1) 尺寸允许偏差（mm）	长度 L_1	±3	±4	±5
	宽度 B_1	±2	±3	+3，-4
	高度 H_1	±2	±3	+3，-4

学习笔记

续表

项目		指标		
		优等品	一等品	合格品
（2）缺棱掉角	个数，不多于（个）	0	1	2
	最大尺寸不得大于（mm）	0	70	70
	最小尺寸不得大于（mm）	0	30	30
（3）平面弯曲不得大于（mm）		0	3	5
（4）裂纹	条数不式于（条）	0	1	2
	任一面上的裂纹长度不得大于裂纹方向的	0	1/3	1/2
	贯穿一棱二面的裂纹长度不得大于裂纹所在面的裂纹方向尺寸总和的	0	1/3	1/3
（5）爆裂、粘模和损坏深度不得大于（mm）		10	20	30
（6）表面疏松、层裂		不允许	不允许	不允许
（7）表面油污		不允许	不允许	不允许

加气混凝土砌块的抗压强度应符合表 7-3 的规定。

表 7-3　加气混凝土砌块的抗压强度

强度等级	立方体抗压强度（MPa）	
	15 块平均值不小于	单块最小值不小于
A1	1.0	0.8
A2	2.0	1.6
A2.5	2.5	2.0
A3.5	3.5	2.8
A5	5.0	4.0
A7.5	7.5	6.0
A10	10.0	8.0

加气混凝土砌块的强度等级应符合表 7-4 的规定。

表 7-4　加气混凝土砌块的强度等级

密度级别		B03	B04	B05	B06	B07	B08
强度等级	优等品	A1	A2	A3.5	A5	A7.5	A10
	一等品	A1	A2	A3.5	A5	A7.5	A10
	合格品	A1	A2	A2.5	A3.5	A5	A7.5

加气混凝土砌块的密度应符合表 7-5 的规定。

表 7-5　加气混凝土砌块密度（kg/m³）

密度级别		B03	B04	B05	B06	B07	B08
强度等级	优等品	300	400	500	600	700	800
	一等品	330	430	530	630	730	830
	合格品	350	450	550	650	750	850

（二）加气混凝土砌块砌体构造

加气混凝土砌块可砌成单层墙或双层墙体。单层墙是将加气混凝土砌块立砌，墙厚为砌块的宽度。双层墙是将加气混凝土砌块立砌两层中间夹以空气层，两层砌块间，每隔 500mm 墙高在水平灰缝中放置 φ4~φ6 的钢筋扒钉，扒钉间距为 600mm，空气层厚度约 70~80mm（图 7-1）。

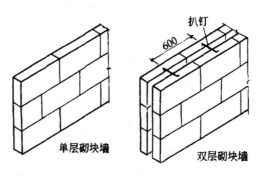

图 7-1　加气混凝土砌块墙（尺寸单位：mm）

承重加气混凝土砌块墙的外墙转角处、墙体交接处，均应沿墙高 lm 左右，在水平灰缝中放置拉结钢筋，拉结钢筋为 3φ6，钢筋伸入墙内不少于 1 000mm（图 7-2）。

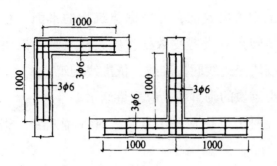

图 7-2　承重砌块墙的拉接钢筋（尺寸单位：mm）

非承重加气混凝土砌块墙的转角处、与承重墙交接处，均应沿墙高 lm 左右，在水平灰缝中放置拉结钢筋，拉结钢筋为 2φ6，钢筋伸入墙内不少于 700mm（图 7-3）。

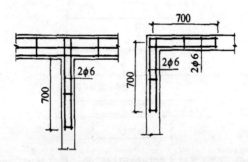

图 7-3　非承重砌块墙拉结钢筋（尺寸单位：mm）

加气混凝土砌块外墙的窗口下一皮砌块下的水平灰缝中应设置拉结钢筋，拉结钢筋为 3φ6，钢筋伸过窗口侧边应不小于 500mm（图 7-4）。

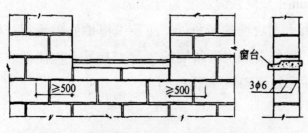

图 7-4　砌块墙窗口下配筋（尺寸单位：mm）

学习笔记

（三）加气混凝土砌块砌体施工

承重加气混凝土砌块砌体所用砌块强度等级应不低于 A7.5，砂浆强度不低于 M5。

加气混凝土砌块砌筑前，应根据建筑物的平面、立面图绘制砌块排列图。在墙体转角处设置皮数杆，皮数杆上画出砌块皮数及砌块高度，并在相对砌块上边线间拉准线，依准线砌筑。

加气混凝土砌块的砌筑面上应适量洒水。

砌筑加气混凝土砌块宜采用专用工具（铺灰铲、锯、钻、镂、平直架等）。

加气混凝土砌块墙的上下皮砌块的竖向灰缝应相互错开，相互错开长度宜为 300mm，并不小于 150mm。如不能满足时，应在水平灰缝设置 2ϕ6 的拉结钢筋或 ϕ4 钢筋网片，拉结钢筋或钢筋网片的长度应不小于 700mm（图 7-5）。

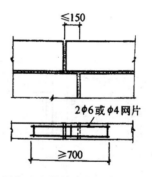

图 7-5 加气混凝土砌块墙中拉结筋（尺寸单位：mm）

加气混凝土砌块墙的灰缝应横平竖直，砂浆饱满，水平灰缝砂浆饱满度不应小于 90%；竖向灰缝砂浆饱满度不应小于 80%。水平灰缝厚度宜为 15mm；竖向灰缝宽度宜为 20mm。

加气混凝土砌块墙的转角处，应使纵横墙的砌块相互搭砌，隔皮砌块露端面。加气混凝土砌块墙的 T 字交接处，应使横墙砌块隔皮露端面，并坐中于纵墙砌块（图 7-6）。

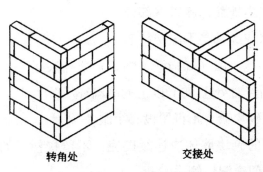

图 7-6 加气混凝土砌块墙的转角、交接处砌法

转角处　　交接处

有抗震要求的砌体填充墙按设计要求应设置构造柱、圈梁时，圈梁、构造柱的插筋宜优先预埋在结构混凝土构件中或后植筋，预留长度符合设计要求。构造柱施工时按要求应留设马牙槎，马牙槎宜先退后进，进退尺寸不小于 60 mm，高度不宜超过 300mm。当设计无要求时，构造柱应设置在填充墙的转角处、T 形交接处或端部（见图 7-7）；当墙长大于 5m 时，应间隔设置。圈梁宜设在填充墙高度中部。

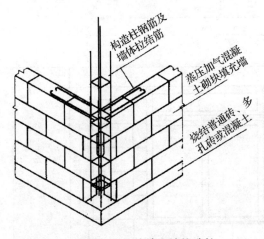

构造柱钢筋及墙体拉结筋

蒸压加气混凝土砌块填充墙

烧结普通砖、多孔砖或混凝土

图 7-7 加气混凝土砌块填充墙构造柱

浇注构造柱、圈梁混凝土前，必须向柱或梁内砌体和模板浇水湿润，并将模板内的落地灰清除干净，先注入适量水泥砂浆，再灌混凝土。振捣时，振捣器应避免触碰墙体，严禁通过墙体传振。

加气混凝土砌块墙如无切实有效措施，不得使用于下列部位：

1. 建筑物室内地面标高以下部位；

2. 长期浸水或经常受干湿交替部位；

3. 受化学环境侵蚀（如强酸、强碱）或高浓度二氧化碳等环境；

4. 砌块表面经常处于80℃以上的高温环境。

加气混凝土砌块墙上不得留设脚手眼。

每一楼层内的砌块墙体应连续砌完，不留接槎。如必须留槎时应留成斜槎，或在门窗洞口侧边间断。

（四）加气混凝土砌块砌体质量验收

学习《砌体结构工程施工质量验收规范》GB 50203－2011 第9章填充墙砌体工程。

（五）安全要求

同3.6安全技术。

砌块填充墙排列图：

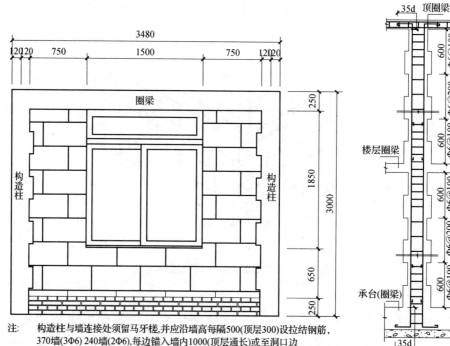

注：构造柱与墙连接处必须留马牙槎，并应沿墙高每隔500(顶层300)设拉结钢筋，
370墙(3Φ6) 240墙(2Φ6)，每边锚入墙内1000(顶层通长)或至洞口边

（尺寸单位：mm）

二、技能训练

训练一：根据附录2《多层框架结构房屋施工图》编制加气混凝土填充墙工程的施工技术交底；

训练二：联系工地进行加气混凝土填充墙工程现场质量检查，并完成相应验收记录表格。

学习情境七　复习思考题

1. 简述加气混凝土砌块砌体的构造要求。
2. 简述加气混凝土砌块砌体的施工工艺。
3. 配筋砌块彻筑应该注意哪些安全事项？
4. 填充墙砌体的主控项目一般项目有哪些？

学习情境八　脚手架工程

学习指南：

本学习情境主要学习扣件式钢管脚手架的构造要求、设计、施工、质量验收与安全管理。

知识目标：

1. 了解常用脚手架的分类。

2. 掌握扣件式钢管脚手架的构造要求、设计、施工、质量验收与安全管理。

技能目标：

1. 能够确定脚手架施工方案。

2. 能够对脚手架安全检查、质量验收。

一、知识点

脚手架是土木工程施工必备的重要设施，它是为保证高处作业安全、顺利进行施工而搭设的工作平台或作业通道。

（一）脚手架的种类

按其所用材料分为木脚手架、竹脚手架与金属脚手架；

按其构造形式分为多立杆式、框式、桥式、吊式、挂式、升降式等；

按其搭设位置分为外脚手架、里脚手架；

1. 外脚手架按搭设安装的方式有四种基本形式，即落地式脚手架、悬挑式脚手架、吊挂式脚手架及升降式脚手架；

2. 里脚手架如搭设高度不大时，一般用小型工具式的脚手架，如搭设高度较大时，可用移动式里脚手架或满堂搭设的脚手架。

（二）常用脚手架的构造

1. 木脚手架

采用剥皮杉树作为杆材，采用 8 号镀锌铁丝绑扎搭设。因铁丝容易生锈，故此类脚手架适用于北方气候干燥地区，目前已不常见。

2. 竹脚手架

采用生长期三年以上的毛竹（楠竹）为材料，并用竹篾绑扎搭设（也可用镀锌铁丝绑扎搭设），凡是青嫩、橘黄、黑斑、虫蛀、裂纹连通两节以上的均不能使用。竹脚手架一般都搭成双排，限高 50m。

3. 钢管脚手架

钢管一般采用外径为 48～51mm、厚度 3～3.5mm 的焊接钢管，连接件采用铸铁扣件。它具有搭拆灵活、安全度高、使用方便等优点，是目前建筑施工中大量采用的一种脚手架。它既可以搭成单排脚手架，又可以搭成双排或多排脚手架。

碗扣式脚手架目前也得到了广泛应用。

4. 工具式脚手架

在砌筑房屋内墙或外墙时，也可以用里脚手架。里脚手架可用钢管搭设，也可以用竹木等材料搭设。工具式里脚手架一般有折叠式、支柱式、高登和平台架等。搭设时，在两个里脚手架上搁脚手板后，即可堆放材料和上人进行砌墙操作。

5. 砌砖操作平台

它是由几榀支架组成的支承重量的框架，在框架上满铺脚手板形成一个平台，在上面可以堆放砖及砂浆进行砌筑。

（三）脚手架的使用要点

1. 搭设拆除

由专业架子工搭设，未经检查验收不能使用。使用中未经专业搭设负责人同意，不得随意自搭飞跳或自行拆除某些杆件。

2. 安全设施

所设的各类安全设施，如安全网、安全围护栏杆等不得任意拆除。

3. 搭设要求

当墙身砌筑高度超过地坪 1.2m 时，应由架子工搭设脚手架，一层以上或 4m 以上高度时应架设安全网。

4. 堆砖堆料

砌筑时架子上允许堆料荷载应不超过 2700N/m²。堆放不能超过三层，砖要顶头朝外码放。灰斗和其他的材料应分散放置，以保证使用安全。

5. 上下方法

上下脚手架应走斜道或梯子，不准翻爬脚手架。

6. 清除霜雪

脚手架上有霜雪时，应清洗干净后方准砌墙操作。

7. 检查加固

大雨或大风后要仔细检查整个脚手架，发现沉降、变形、偏斜应立即报告，经纠正加固后方准使用。

（四）学习《建筑施工扣件式钢管脚手架安全技术规范》JGJ 130—2011

重点了解脚手架构造要求、设计、施工、质量验收与安全管理。

二、技能训练

训练一：根据《多层砖混结构房屋施工图》编制落地式双排脚手架施工方案。

学习情境八　复习思考题

1. 简述脚手架的分类。

2. 简述脚手架的构造要求。

3. 脚手架的安全措施有哪些？

学习情境九　冬期雨期施工

学习指南：本学习情境主要学习冬期、雨期砌体工程季节性施工措施、安全措施、质量要求。

知识目标：通过本任务的学习与训练，掌握砌体工程冬期、雨期的施工要求及施工组织要点。

技能目标：能够编制冬雨期施工安全技术方案及施工组织措施。

一、知识点

（一）砌筑工程冬、雨期施工的基本知识

1. 砌筑工程冬期施工

（1）砌筑工程冬期施工的规范规定

依据现行中华人民共和国行业标准《建筑工程冬季施工规程》（JGJ 104—2011）总则第 1.0.3 条规定：根据当地多年气象资料统计，当室外平均气温连续 5d 稳定低于 5℃时，即进入冬期施工。

中华人民共和国国家标准《砌体结构工程施工质量验收规范》（GB 50203—2011）第 10.0.1 条也规定：当室外日平均气温连续 5d 稳定低于 5℃时，砌体工程应采取冬期施工措施。同时，除冬期施工期限以外，还应根据施工当日具体温度来确定。如当日最低气温低于 0℃时，也应按冬期施工有关规定进行。

（2）砌筑工程冬期施工的核心问题

冬期施工的核心问题是防冻。

①防冻的范围：砌筑工程所有含水的材料和用水的作业，其本身以及材料的备置、运输、施工、养护环境等；

学习笔记

②防冻工作的内容：设施、材料、技术、能源及费用等；

③防冻工作的准备：a）施工组织措施和技术措施；b）临时应急补救措施，确保防冻工作的可靠度；c）冬期施工方案；d）向具体操作人员进行技术交底，实行专人负责，明确责任，落实到位。

（3）砌筑工程冬期施工的特点

砌筑工程冬期施工采取的技术措施是以气温为依据的。在国家规范规程的指导下，各地区都针对本区域不同的特点，对冬期施工的起讫日期和温度均作了明确规定。

砌体工程冬期施工的特点表现为：

①事故多发期性。在冬期施工中，由于长时间的持续低温、大的温差、强风、降雪和反复冻融，对砌筑工程施工质量有很大影响，极易造成事故。因此，冬期施工是事故多发期。

②质量事故的隐蔽性。由于冬期施工的特殊性，其间发生的事故往往不易被发现与察觉。因此，当冬期结束解冻后，砌筑工程中隐含的一系列质量问题才逐步暴露，体现出冬期施工质量事故的滞后性。这些事故的滞后性又往往给质量事故的处理带来很大的困难。

③施工的计划性和准备工作的时间性要求强。在冬期施工中，由于气候的变化没有一定的规律，在时间上很难按照我们约定的某个时间来实施。因此，在建筑施工中，我们要充分考虑施工期天气气候可能的变化，做好冬期施工的计划安排，避免无准备的仓促施工所引发的质量事故。

（4）砌筑工程冬期施工的原则

为了保证砌筑工程冬期施工的质量，在选择具体的冬期施工方法时，必须遵循如下原则：

①选定的施工方法、采取的技术措施必须符合《建筑工程冬期施工规程》（JGJ 104-2011）和《砌体结构工程施工质量验收规范》（GB 50203—2011）中的规定，确保工程质量。

②选定的施工方法、具体措施在技术上必须可靠，经济上必须合

理，达到费用最低，增加的措施费用最少。

③选定的施工方法、其技术措施所需的热源及材料应有可靠的来源，且能源和资源消耗最小，达到节能、环保的效果。

④必须合理编制施工方案与具体措施，确保工期、质量满足规定的要求。

2. 砌筑工程雨期施工

（1）雨量的划分

雨量大小用积水高度来计算，气象部门设有专门测量工具，以一天的降雨量来计算。降雨量单位为 mm，见表 9-1。

表 9-1 降雨量划分

等级	降雨量/mm/d
小雨	h <10
中雨	10≤ h<25
大雨	25≤ h<50
暴雨	50≤ h<100
大暴雨	100≤ h<250
特大暴雨	250≤ h

（2）砌体工程雨期施工的特点

砌体工程雨期施工主要是要解决防雨淋、防台风等方面的问题。

①雨期施工的开始具有突然性。由于暴雨、台风、海啸、山洪等恶劣气候往往不期而至，这就需要及早进行雨期施工的准备和采取防范措施。

②雨期施工带有突击性。由于雨水对建筑结构和地基基础的冲刷或浸泡有严重的破坏性，必须迅速、及时地防护，避免造成建设工程的损失。

③雨期往往持续时间长，阻碍了工程（特别是土方工程、基础工程、屋面防水工程等）的顺利进行，拖延工期。对这一点应事先有充分的估计并做好合理地安排。

学习笔记

因此，施工现场必须做好临时排水系统规划，有效地阻止场外水流入施工现场，将场内水及时排出，达到保护砖墙砌体工程的目的。

（二）砌筑工程冬、雨期施工准备工作

1. 砌筑工程冬期施工的准备工作

由于冬期施工是特殊季节的施工。在此期间施工时，一定要根据施工的具体情况，采取切实可行的防冻保温措施，确保拟建或在建工程安全越冬，避免由于冻害，造成不应有的损失。同时，冬期施工也要为开春解冻后的继续施工创造条件，避免出现停工、窝工状况。在确保经济合理、工程质量可靠的前提下，组织好砌筑工程在冬期的正常施工。

为了保证冬期施工的顺利进行，应提前做好以下几方面的准备工作：

（1）做好冬期施工的施工组织设计编制工作和施工方案选取工作

根据工程具体施工情况，有针对性地做好施工组织设计的编制工作，合理地选取并制定冬期施工方案，组织项目部相关人员学习冬期施工相关措施，是搞好冬期施工的前提与保证。在施工程序上要掌握"先阴后晴、先上后下、先外后内"的原则，按照施工项目进行技术交底，作到人人重视，心中有数。对那些凡不适宜在冬期进行施工的分部分项工程，应尽可能地安排在冬期前或冬期后完成施工，以保证冬期施工方案的科学性、实用性和可行性。

（2）做好当地相关气象资料的搜集整理工作

入冬前，要安排专人及时、准确地搜集施工项目所在地整个冬期施工阶段的冻融、解冻阶段的气象资料，实测室外最低温度，掌握当地冬期气候变化情况，以利于施工项目冬期施工技术方案的选择、编制和采取相应的防护措施。

（3）做好施工图的复核工作

凡需进行冬期施工的工程项目，都必须根据《建筑工程冬期施工规程》（JGJ 104—2011）要求，复核工程施工图纸是否能满足冬期施工的要求。如果发现有不能适应冬期施工要求的问题，应及时向设计单位提出，会同设计单位研究并作相应修改。

（4）做好冬期施工所需材料及工具的准备工作

对冬期施工所需的设备、工具、材料及劳动防护用品等，均应根据施工的具体进度情况，提前做好准备工作。如工程量较大的砌筑工程，北方寒冻地区尽可能采用锅炉供气或烧热水来拌制砂浆或用蒸汽来加热砂子等方法；也可采取提前砌好临时炉灶、火坑，备好火炉、烟囱等，供加热砂料、烧热水或进行室内加温用。南方地区可采取外加剂、添加剂等方式进行施工。做到工作有计划、实施有准备，确保冬期施工的有序进行。

（5）做好岗位培训工作

冬期施工前，应配制外掺剂、测温保温等专业性较强的岗位人员，有目的性地进行岗位培训，使他们掌握相关技能和基本要求。所有该岗位人员经考核合格后方准上岗，严格执行持证上岗制度。

2. 砌筑工程雨期施工的准备工作

（1）现场排水

施工现场的道路、设施必须做到排水通畅、尽量做到雨停水干。要防止地面水排入地下室、基础、地沟内。要做好边坡的处理，防止滑坡和塌方。

（2）原材料、成品、半成品的防雨

水泥应按"先收先发、后收后发"的原则，避免久存受潮硬化而影响水泥的活性。木制品（门、窗、模板等）和易受潮变形的成品、半成品等应在防雨、防潮好的室内堆放。其他材料也应注意防雨及材料四周的防水。

（3）现场房屋、设备应根据施工总体布置，在雨期前做好排水防雨措施。

（4）预先备足施工现场排水需用的水泵及有关器材，准备适量的塑料布、油毡等现场必备的防雨材料，以备急用。

（三）砌筑工程冬、雨期施工要求

1. 砌筑工程冬期施工要求

（1）砌筑工程冬期施工对材料的要求

根据《建筑工程冬期施工规程》（JGJ 104—2011）和《砌体结构工程施工质量验收规范》（GB 50203—2011）有关条款，对砌体工程冬期施工所用材料作了下列规定：

砖、砌块在砌筑前，应清除表面污物、冰雪等，不得使用遭水浸和受冻后表面结冰、污染的砖或砌块；石灰膏、电石膏等材料应有保温措施，如遭冻结，应经融化后使用；拌制砂浆用砂，不得含有冰块和大于 10mm 的冻结块；砂浆宜优先采用普通硅酸盐水泥拌制，冬期施工不得使用无水泥拌制的砂浆；拌砂浆宜采取两步投料法，拌和水的温度不得超过 800℃，砂的温度不得超过 400℃，且水泥不得与 800℃以上热水直接接触。砌筑材料的质量标准按表 9-2 规定，胶结材料及骨料的质量标准按表 9-3 规定。

表 9-2　砌筑材料的质量标准

材料名称		吸水率/%	要求
普通粘土砖	实心	10~15	1. 应清除表面污物及冰、霜、雪等
	空心		2. 受水浸泡、受冻的砖、砌块不能使用
粘土质砖	实心	5~8	3. 砌筑时，当室外气温在 0℃ 以上时，普通粘土砖可适当浇水湿润以吸深 10mm 为宜，随浇随用，表面不得有游离水
	空心		
小型空心砌块		2~3	
加气混凝土砌块		70~80	
石材		1~6	除应符合上述 1 条外，表面不应有水锈。

注：1. 粘土质砖系指粉煤灰、煤矸石砖等；
　　2. 小型空心砌块系指硅酸盐质的砌块。

表 9-3　胶结材料及骨料的质量标准

材料名称	要求
水泥	砂浆宜采用普通硅酸盐水泥，不可使用无熟料水泥

续表

材料名称	要求
砂子	拌制砂浆的砂子不得含有冰块和直径大于 10mm 的冻结块
石灰膏、电石膏、粘土膏	应防止冻结，如已受冻，应经融化后方可使用；凡受冻面有脱水、风化现象的石灰膏不得使用

（2）砌筑工程冬期施工对施工方法的要求

砌筑工程的冬期施工，其防冻重点是砌筑砂浆。如果砂浆冻结，将使砌体强度受到严重破坏。为了保证砌筑工程的冬期施工质量和施工的顺利进行，其施工技术方法一般有：外加剂法、冻结法、暖棚法、蓄热法、电气加热法、蒸汽加热法、快硬砂浆法等多种方法。但是，由于施工条件的局限性，目前，砌体工程冬期施工常以外加剂法、冻结法两种方法为主。

①外加剂法

a. 概念

外加剂法，也称掺盐砂浆法。即在砌筑砂浆中掺入一定数量的盐类作为抗冻化学剂，来降低砂浆中水分的冰点，以保证砂浆中的液态水在一定负温状态下不冻结，并使水泥的水化反应在一定温度下能连续进行，促使砂浆强度在一定的负温状态下持续缓慢地增长。

b. 主要组成成分与计量标准

目前，施工中主要掺加氯盐。以单盐（氯化钠 NaCl）或复盐（氯化钠 NaCl+氯化钙 $CaCl_2$）的方式进行掺加。其他掺加的盐类还有亚硝酸钠（$NaNO_2$）、碳酸钾（K_2CO_3）、硝酸钙（$Ca(NO_3)_2$）等。

当气温高于-15℃时，以单盐（氯化钠 NaCl）的方式进行掺加；当气温低于 -15℃时，以复盐（氯化钠 NaCl +氯化钙 $CaCl_2$）的方式掺加复合使用。氯盐掺加量应按表9-4选用。

表 9-4 氯盐外加剂掺合量（占用水重量%）

种类	掺入物	砌筑材料	日最低气温（℃）			
			≥-10	-11 — -15	-16 — -20	≤-20
单盐	氯化钠	砌砖、砌块	3	5	7	—
		砌石	4	7	10	—
复盐	氯化钠	砌砖、砌块			5	7
	氯化钙		—	—	2	3

注：1. 表中掺盐量均以无水氯化钠和氯化钙计；

2. 氯化钠和氯化钙的密度与含量可按表 9-4 换算；

3. 如有可靠试验依据，也可适当增减盐类的掺量；

4. 当日最低气温低于-20℃时，砌石工程不宜进行施工。

c. 作用原理

由于盐分的存在，降低了砂浆中液态水的冰点，保持了砂浆中液态水的存在，使水化反应能在一定的负温下继续进行，从而使砂浆强度继续缓慢增长，直至硬化。这样，使砌体表面不会因立即结冰冻死而形成冰膜，保证砂浆与砌体之间能较好地粘结形成一个整体，从而提高了整个砌体的强度。这种方法在施工工艺上简便，施工费用低，技术上较为成熟可靠，而且货源易于解决。是我国砌筑工程在冬期施工中常采用的方法。但是，由于氯盐砂浆吸湿性较大，会使砌体表面产生盐析现象。掺盐法拌制的砌筑砂浆，其掺盐量应视当天或当时气温而定。不同的负温条件，其掺盐量应有不同的要求。如果砂浆中氯盐掺量过少，则起不到抗冻效果或防冻效果不佳，多余的水分会冻结，即砂浆内可能会出现大量冻结水晶体，造成砂浆中水泥的水化反应极其缓慢，降低砂浆的早期强度，从而影响砌体质量。如果氯盐掺量过多，如当大于用水量的10%时，会引起砌筑砂浆的后期强度的显著降低。同时，氯盐含量过大，将导致砌体严重的盐析现象，增大砌体的吸湿性，降低砌体的保温性能。特别是对配筋砌体或设有预埋铁件的砌体，氯盐对铁件易产生腐蚀。因此，冬期施工掺盐砂浆的掺盐量必须按表 9-5 规定的用量执行。

表 9-5　氯化钠和氯化钙溶液的相对密度与含量的关系

15℃时溶液相对密度	无水氯化钠含量/kg		15℃时溶液相对密度	无水氯化钙含量/kg	
	1 L 溶液中	1 kg 溶液中		1 L 溶液中	1 kg 溶液中
1.02	0.029	0.029	1.02	0.025	0.025
1.03	0.044	0.043	1.03	0.037	0.036
1.04	0.058	0.056	1.04	0.050	0.048
1.05	0.073	0.070	1.05	0.062	0.059
1.06	0.088	0.083	1.06	0.075	0.071
1.07	0.103	0.096	1.07	0.089	0.084
1.08	0.119	0.110	1.08	0.102	0.094
1.09	0.134	0.122	1.09	0.114	0.105
1.10	0.149	0.136	1.10	0.126	0.115
1.11	0.165	0.149	1.11	0.140	0.126
1.12	0.181	0.162	1.12	0.153	0.137
1.13	0.198	0.175	1.13	0.166	0.147
1.14	0.214	0.188	1.14	0.180	0.158
1.15	0.230	0.200	1.15	0.193	0.168
1.16	0.246	0.212	1.16	0.206	0.178
1.17	0.263	0.224	1.17	0.221	0.189
1.175	0.271	0.231	1.18	0.236	0.199
			1.19	0.249	0.209
			1.20	0.263	0.219
			1.21	0.276	0.228
			1.22	0.290	0.238

d. 适用范围

根据规范规定，在实际运用中，对具有保温、绝缘、装饰等有特殊要求的建筑物和构筑物，不得采取加氯盐的方法进行施工。如，艺术装饰要求高的工程、使用湿度大于 60% 的建筑物、发（变）电站、

学习笔记

配电房，保温及热工要求高的建筑物，配有钢筋（含受力钢筋）的砌体，处于地下水位变化范围内以及水下未设防水保护层的砌体结构工程等。

④冻结法

a 概念

冻结法是指采用不掺加任何抗冻外加剂的普通水泥砂浆或混合砂浆进行施工砌筑的一种冬期施工方法。

b 作用原理

冻结法施工的砖石砌体，砂浆冻结后仍留有较大的冻结强度，且能随气温的降低而逐步提高。当气温升高而使砌体解冻时，砂浆强度仍等于冻结前的强度，因而可保证砌体在解冻期间的稳定和安全；当气温由负温转入正温后，水泥水化作用又重新进行，砂浆的强度随着气温的升高而开始增长。冻结法施工时，可根据气温情况适当提高砂浆强度等级1~2级。

c 适用范围

采用冻结法施工的砂浆砌体砌筑，一般要经过冻结、融化及硬化三个阶段，不可避免地造成砌筑砂浆的强度、砂浆与砌体之间的粘结力不同程度的损失。特别是在砌体的融化阶段，其砂浆强度接近于零。砌体材料由于受重力的作用，将会使砌体结构的变形幅度和沉降量增大。某些砌体由于自身的结构特点或受力状态等原因，采用冻结法施工后，稳定性更差。如果采用加固措施，也比较复杂，且难于保证安全可靠。因此，规范规定，以下砌体工程，不允许采用冻结法施工：

空斗墙；毛石混凝土砌体和毛石砌体；砖薄壳、双曲砖拱、筒拱及承受侧压力的砌体；在解冻期间可能受到振动或其他动力荷载的砌体；在解冻期间不允许发生沉降的结构；混凝土小型空心砌块砌体。

（3）砌筑工程冬期施工工艺

冻结法施工工艺

采用冻结法施工时，应严格遵循"三一"砌筑方法。组砌方式一般采用"一顺一丁"。每面墙在其长度内，应同时连续施工，不得间断。对外墙转角处和内外墙交接处，更应精心砌筑，注意砌体砌筑灰缝的厚度和砂浆的饱满度。

冻结法施工中宜采用水平分段浇筑施工，一般墙体在一个施工段范围内或每砌筑至一个施工层的高度时，施工不得间断。对不设沉降缝的砌体，其分段处两边的高度差不得大于 4m。每天砌筑高度和临时间断处的高度差不得大于 1.2m，砌体的水平灰缝宜控制在 10 mm 以内，但也不得小于 8mm。

砌体解冻时，由于砌筑砂浆的强度接近于零，解冻期间，增加了砌体的变形幅度和沉降量。与常温状态下的砌筑施工时的沉降量相比，下沉量增大幅度约为 10%~20%。因此，在施工中，应经常检查砌体的垂直度和平整度，如发现偏差应及时纠正。凡超过 5 皮砖以上的砌体发生倾斜时，不得采取敲、砸等方法来矫正，而必须拆除重砌。

同时，在构造上，应采取如下措施：

在楼板水平面上，墙的拐角处、交接处和交叉处应配置拉结钢筋，并按墙厚计算，每 120 mm 宽设一根 ϕ6 钢筋，其伸入相邻墙内的长度不得小于 1 m，拉结钢筋的末端应设弯钩（如图 9-1 所示）；

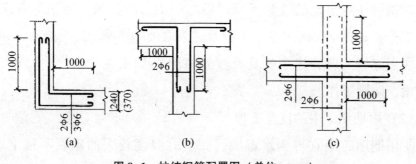

图 9-1　拉结钢筋配置图（单位：mm）

（a）墙的拐角处；（b）墙的交接处；（c）墙的交叉处

每一层楼的砌体砌筑完毕后，应及时吊装（或捣制）梁、板、柱，并应适当采取锚固措施；

采用冻结法砌筑的墙体，与已经沉降的墙体的交接处，应留置沉降缝；

在解冻期间，应注重对所砌筑的砌体进行观测。特别是注意多层房屋下层的柱和窗间墙、梁端支承处、墙交接处和过梁横板支承处等地方。此外，还必须观测砌体沉降的大小、方向和均匀性，砌体灰缝内砂浆的硬化情况等。观测一般需 15d 左右，并做好记录。

（4）其他冬期施工方法

在冬期施工中，除外加剂法（掺盐砂浆法）、冻结法外，其他在实际施工中可供选用的方法有蓄热法、暖棚法、电动加热法、蒸汽加热法、快硬砂浆法等。

2. 砌体工程雨期施工要求

（1）一般要求

①在编制项目建设施工组织设计时，应根据工程项目所在施工地的季节性变化特点，编制好雨期施工要点，将不宜在雨期施工的分项工程提前或拖后安排。对项目工期要求紧而必须在雨期施工的工程，应制定具有针对性的、有效的措施，进行突击施工。

②合理进行施工安排，做到晴天抓紧室外工作，雨天安排室内工作，尽量缩小雨天室外作业时间和减小室外工作面。

③密切注意当地的气象预报，做好防雨、防台风、防汛等方面的准备工作，并在必要时对在建工程及时采取加固措施。

④做好施工现场施工机具及建筑材料（如水泥、木材、模板等）的防雨、防潮工作。

（2）雨期施工中的注意事项

①雨期用砖不宜再洒水湿润，砌筑时湿度较大的砌块不可上墙，以免因砖过湿引起砂浆流淌和砖块滑移造成墙体倒塌。每日砌筑高度不得超过 1m。

②砌体施工如遇大雨必须停工，并在砖墙顶面及时铺设一层干砖，以防雨水冲走灰缝中的砂浆。雨后砌筑受雨冲刷的墙体时，应翻砌最上面的 2 皮砖。

③稳定性较差的窗间墙、山尖墙、砖柱等部位，当砌筑到一定高度时，应在砌体顶部及时浇筑圈梁或加设临时支撑，以便防止风、雨

的袭击，增强墙体的整体性、稳定性。

④砌体施工时，纵、横墙最好同时砌筑，雨后要及时检查墙体的质量。

⑤雨水浸泡会引起回填土方的下沉，进而影响到脚手架底座的倾斜或下陷，停工期间和复工后，均应经常检查，发现问题及时处理，采取有效的加固措施，防止事故发生。

（3）雨期施工期间机械防雨和防雷设施

①施工现场所使用的机械均应设棚保护，保护棚搭设要牢固，防止倒塌、漏雨。机电设备要有相应的、必要的防雨、防淹措施和接地安全保护装置。机动电闸的漏电保护装置要可靠、实用。

②雨期为防止雷电袭击造成事故，在施工现场，凡高出建筑物的龙门吊、塔吊、人货电梯、钢脚手架等均必须安设防雷装置。

二、技能训练

训练一：编制冬期常见砌体工程的施工方案

目的

通过本任务的实训练习，掌握冬期砌体工程的施工组织要点，能编制常见砌体工程冬期施工组织措施。

1. 施工准备工作

（1）由于氯盐对钢筋有腐蚀作用，掺盐砂浆法用于设置有构造配筋的砖石砌体时，应对钢筋表面涂刷防锈涂料或涂刷沥青 1~2 道，或涂刷樟丹 2~3 道，用以防止钢筋锈蚀。

（2）普通砖和空心砖在正温条件下砌筑时，应采取随浇水、随砌筑的方法；当为负温时，在条件许可的前提下，应尽量采取边浇热盐水、边砌筑、边保温的方法。

（3）当气温过低时，浇水可能有困难，应采取适当增大砂浆稠度的方法。

（4）对抗震设计烈度为 9 度的建筑物或构筑物，普通砖和空心砖无法满足浇水湿润时，如果不采取特殊施工技术措施，不得砌筑。

2. 材料准备

（1）掺盐砂浆盐溶液的配制

抗冻砂浆掺用氯盐时，应安排专人配制掺盐溶液，然后投入搅拌。配制中，应严格按配制程序进行。其方法为：

①首先配制标准浓度（氯化钠标准溶液，为每千克含纯氯化钠20%，密度为 1.15 g/cm³；氯化钙标准溶液密度为 1.18 g/cm³）。其方法是将无水氯盐按标准要求溶解于约40℃的热水中，采用专用的波美氏密度计测定浓度，控制其含量并置于专用容器内。

②掺入一定量的温水，配制成所需要的施工用溶液。每台砂浆搅拌机最少应设置一个浓盐水桶和一个稀盐水桶。浓盐水桶盛放含盐量为20%的盐水，稀盐水桶盛放当日使用的盐水。用浓盐水掺加一定量的清水来控制盐溶液的含量。

（2）砂浆拌和

①掺盐砂浆拌和宜采用两步投料法。拌和砂浆前，应对原材料进行加热。加热宜优先采取加热拌和水的方式。加热时，水的温度不得超过80℃，砂的温度不得超过40℃，砂浆稠度宜较常温时适当增大；如果水温超过80℃时，应先与砂拌，再加水泥，防止出现假凝现象。

②掺盐砂浆拌和时，其搅拌时间应适当延长，相对于常温季节增加约一倍。

③掺盐砂浆拌和时，材料用量的允许偏差为：水泥、水和掺加剂为±1%，石灰膏为±2%。

掺盐砂浆使用时温度不应低于5℃。当日最低气温低于-15℃时，如果设计上无具体要求，施工中为弥补冻结对砂浆后期强度引起的损失，应对砌筑承重墙体结构的砂浆强度等级按常温施工的强度等级提高一级，以保证砌体强度。当气温较低时，需对原材料进行加热。加热时应优先考虑加热水，然后是砂。即只有当水温满足不了使用温度的需要时，才对砂料进行加热。当拌和水的温度超过60℃时，其砂浆拌制投料顺序为：首先将水和砂拌和，其次再投入水泥与之共同拌和。掺盐砂浆中如需掺入微沫剂时，盐溶液和微沫剂在砂浆拌和过程中应先后加入。砂浆拌制应采用机械拌和，搅拌时间应比常温时搅拌延长一倍，同时注意对拌和后的砂浆及时采取保温措施。

3. 砌筑施工工艺

（1）采用掺盐砂浆法砌筑砖砌体，应采用"三一"砌筑法进行操作施工。保证砂浆与砖的接触面能充分结合，提高砌体的抗压、抗剪强度。砌筑过程中，不得大面积、超长度铺灰，以避免砂浆温度降低过快而产生冰结。砌筑中应灰浆饱满、灰缝均匀，水平灰缝、垂直灰缝的厚度和宽度均应控制在 8~10mm 范围之内。

（2）采用掺盐砂浆法砌筑砌体，其转角处和交接处应同时砌筑。对不能同时砌筑而又必须留置的临时间断处，应砌成斜槎。砌体相邻部位的砌筑高度、临时间断处的高差，根据规范规定，均不得大于 1.2m。

（3）每天砌筑收工之前，应及时在砌体表面采用保温材料（如草、麻袋等）加以覆盖，但不宜铺设砂浆层。如需继续施工，则应在施工前，先扫净砖砌体表面后继续施工。

4. 砌筑注意事项

（1）砌基础及砌砖

砌基础前，必须检查槽壁。如发现土壁水浸、化冻或变形等有明塌危险时，应采取槽壁加固或清除有明塌危险的土方等处理措施。对槽边有可能坠落的危险物，要进行清理后，方准操作。

槽宽小于 1m 时，应在砌筑站人的一侧留有 40cm 的操作宽度。在深基础砌筑时，必须设工作梯或坡道供上下基槽用。不得任意攀跳基槽，更不得蹬踩砌体或加固土壁的支撑上下。

墙身砌体高度超过地坪 1.2m 以上时，应搭设脚手架。在一层以上或高度超过 4m 时，采用里脚手架必须支搭安全网；采用外脚手架应设护身栏杆和挡脚板后，方可砌筑。利用原有脚手架作外沿勾缝时，对脚手架应重新检查及加固。

不准站在墙顶上划线、刮缝、清扫墙面及检查大角垂直。

不准使用不稳固的工具或物体在脚手架板面垫高操作，更不准在

161

未经过加固的情况下，在一层脚手架上随意再叠加一层。

砍砖时应面向内打，防止碎砖跳出伤人；护身栏上不得坐人；正在砌砖的墙顶上不准行走。

在同一垂直面内上下交叉作业时，必须设置安全隔板，下方操作人员必须配戴安全帽。

已砌好的山墙，应临时加联系杆（如擦条等）放置在各跨山墙上，使其稳定，或采取其他有效的加固措施。

用锤打石时，应先检查铁锤有无破裂，锤柄是否牢固；打石时对面不准有人，锤把不宜过长。打锤要按照石纹走向落锤，锤面要平，落锤要准，同时要看清附近情况有无危险，然后落锤，以免伤人。石料加工时，应戴防护眼镜，以免石渣进入眼中。

不准徒手移动上墙的料石，以免压破或擦伤手指。

不准勉强在超过胸部以上的墙体上进行砌筑，以免将墙体碰撞倒塌或上石时失手掉下，造成事故。

冬期施工时，脚手板上如有冰霜、积雪，应先清除后才能上脚手架进行操作。脚手架上的杂物和落地砂浆等应及时清扫。

（2）小砌块

上班前，对各种起重机具设备、绳索、夹具、临时脚手架以及施工安全设施等进行检查。吊装机械要专人管理，专人操作。

在起吊砌块过程中，如发现有部分破裂且有脱落危险时，严禁起吊。

使用台灵架，应加压重或拴好缆风绳，在吊装时不能超出回转半径拉吊件或材料，以免造成台灵架倾翻等危险事故。

砌块一般较大较重，运输时必须小心谨慎，防止伤人。砌块吊装就位时，应待砌块放稳后，方可松开夹具。

吊起砌块或构件，回转要平稳，以免重物在空中摇晃，发生坠落事故。砌块吊装的垂直下方一般不得进行其他操作。卸下砌块时，应避免冲击，砌块堆放应尽量靠近楼板的端部，不得超过楼板的承载能力。

安装砌块时，不得站在墙身上进行操作，也不要在刚砌的墙上行走。

禁止将砌块堆放在脚手架上备用。在房屋的外墙四周应设安全网。网在屋面工程未完工之前，屋檐下的一层安全网不得拆除。

冬期施工，应在班前清除附着在机械、脚手板和作业区内的积雪、冰霜。严禁起吊同其他材料冻结在一起的砌块和构件。

其他安全要求与砖砌体工程基本相同。

（3）中砌块

砌块施工宜组织专业小组进行。施工人员必须认真执行有关安全技术规程和本工种的操作规范。

吊装砌块和构件时应注意其重心位置，禁止用起重拔杆拖运砌块；不得起吊有破裂脱落危险的砌块。起重拔杆回转时，严禁将砌块停留在操作人员上空或在空中整修、加工砌块。吊装较长构件时应加稳绳。吊装时不得在其下一层楼内进行任何工作。

堆放在楼板上的砌块不得超过楼板的允许承载力。采用里脚手施工时，在二层楼面以上必须沿建筑物四周设置安全网，并随施工高度逐层提升，屋面工程未完工之前不得拆除。

安装砌块时，不准站在墙上操作和在墙上设置受力支撑、缆绳等。在施工过程中，对稳定性较差的窗间墙、独立柱应加稳定支撑。

当遇到下列情况时，应停止吊装工作：

因刮风，使砌块和构件在空中摆动不能停稳时；

噪音过大，不能听清指挥信号时；

引起吊设备、索具、夹具有不安全因素而没有排除时；

大雾或照明不足时。

5. 砌筑工程冬期施工的施工技术要求

（1）外加剂法施工技术要求

普通砖、多孔砖、空心砖、灰砂砖、加气混凝土砌块和石材在砌筑前，应清除表面污物、冰雪等；在气温高于0℃条件下砌筑时，应浇水湿润；在气温低于或等于0℃条件下砌筑时，可不浇水，但砂浆稠度

学习笔记

应比常温施工时增大 10~30 mm，但不宜超过 130mm，以保证砂浆的粘结力。砌筑砂浆的稠度应符合表 9-6 的规定。当抗震设防烈度为 9 度的建筑物，普通砖、多孔砖、空心砖和小型灰砂砖等无法浇水湿润时，如果没有采取特殊的施工技术措施，不得进行砌筑施工。

表 9-6　砌筑砂浆的稠度要求

项次	砌体类型	常温时砂浆稠度/mm	冬期时砂浆稠度/mm
1	实心砖墙、柱	70~100	90~120
2	空心砖墙、柱	60~80	80~100
3	实心砖墙拱式过梁	50~70	80~100
4	空斗墙	50~70	70~90
5	石砌体	—	40~60
6	加气混凝土砌块	—	130

砌筑砂浆在拌制中采取两步投料法。所用的砂，按规定不得含有直径大于 10mm 的冻结块或冰块，拌制砌筑砂浆，所用水泥宜优先采用普通硅酸盐水泥。为保证砂浆在砌筑过程中有一定的正温，在砂浆拌制时，可对水及砂采取预先加热措施。为保证砂浆和砌体砌筑质量，拌和水的温度不得超过 80℃，砂的温度不得超过 40℃，砂浆稠度也宜较常温时适当增大。

冬期施工的砖砌体，宜采取"三一"砌砖法施工，灰缝厚度不应大于 10mm。这种方法从铺浆到砌砖，时间很短，砂浆温度散失较少，同时还可以提高竖缝砂浆的饱满度。因此，通过这种施工方法可确保砌体的施工质量和砌体的最终强度。

冬期施土，每天砌筑高度应控制在 1.2m 以内，砌筑完毕后，应及时在砌体表面采用保温材料进行保护性覆盖，保证砌筑砂浆在正温条件下，其强度得到增长。砌体表面不得留有残余砂浆，在继续砌筑前，应清除砌体表面残留物。

砲筑工程冬期施工中，应优先选用外加剂法，对绝缘、装饰等有特殊要求的工程，可采用其他方法。

外加剂法简便易行，特别是氯盐，价格低廉，防冻效果好，除配筋砌体和有特殊要求的砌体外均应优先采用氯盐砂浆法。

混凝土小型空心砌块不得采用冻结法施工。加气混凝土砌块承重墙体及围护外墙不宜冬期施工。

冬期砌筑工程应进行质量控制，在施工日志中除应按常规要求记录外，还应记录室外空气温度、砌筑时砂浆温度、外加剂掺量以及其他有关资料。

冬期施工中应按规范规定要求预留砂浆试块。试块留置时，除应按常温规定要求外，还应增设不少于两组与砌体同等条件养护的试块，分别用于检验各龄期砂浆强度和转入常温 28d 的砂浆强度。

砂浆试块增设不少于两组，主要是为施工单位控制冬期砌筑的砌体质量、检查强度增长情况，作为项目部对质量内控的一种手段，但不能作为质量验评的条件。

（2）冻结法施工技术要求

①冻结法施工，应注意以下事项：

a. 冻结法施工所采用的砂浆，最低温度应符合表 9-7 的规定。其使用温度不应低于 10℃。当日最低气温不低于-25℃时，凡属于砌筑承重的砌体，所采用的砂浆强度等级，应比正温情况下施工时提高一个等级；当日最低气温低于-25 ℃时，应提高两个等级。

表 9-7　冻结法砌筑时砂浆最低温度

室外空气温度/℃	砂浆最低温度/℃
0--10	10
-11 -- 25	15
低于-25	25

b. 砌体解冻时，由于其施工季节的特殊性，会增加砌体的变形幅度和沉降量。因此，对空斗墙、毛石墙、承受侧压力的砌体结构，解冻期间可能受到振动或动力荷载的砌体结构以及使用中对沉降量有特殊要求的砌体结构，均不得采用冻结法施工。

c. 采用冻结法施工的工程，应积极会同设计单位制定在施工过程中和解冻期内应采取的必要加固措施，编制详细的施工技术方案和技术保证措施，确保施工的顺利进行。

②冻结法施工的施工要点

为了保证砌体在解冻期间的稳定性和均匀沉降，确保安全，根据《建筑工程冬期施工规程》（JGJ 104—2011）和《砌体结构工程施工质量验收规范》（GB 50203—2011）规定，施工时应注意以下事项：

a. 施工应按水平分段进行，工作段宜划在变形缝处。每日砌筑高度及临时间断处的高度差，均不得大于 1.2 m；砌体水平灰缝不宜大于 10 mm。

b. 对未安装楼板或屋面板的墙体，特别是山墙，应及时采取临时加固措施，以保证墙体稳定。

c. 跨度大于 0.7 m 的过梁，应采用预制过梁；跨度较大的梁、悬挑结构，在砌体解冻前应在下面设临时支撑，当砌体强度达到设计值的80%时，方可拆除临时支撑。

d. 在门窗框上部应留出缝隙，作为解冻后预留沉降量。缝隙宽度为：在砖砌体中不应小于 50mm，在料石砌体中不应小于 30 mm。

e. 留置在砌体中的洞口和沟槽等，宜在解冻前填砌完毕。

f. 砌筑完的砌体在解冻前，应清除房屋中剩余的建筑材料和临时荷载。

（3）冬期施工的质量验收规定

冬期施工的砌体工程质量验收应符合国家现行标准《砌体结构工程施工质量验收规范》（GB 50203—2011）及《建筑工程冬期施工规程》（JGJ 104—2011）中的相关规定：

采用暖棚法施工，块材在砌筑时的温度不应低于+5℃，距离所砌的结构底面0.5m处的棚内温度也不应低于+5 ℃。在暖棚内的砌体养护时间，应根据暖棚内温度，按表9-8确定。

表9-8　暖棚法砌体的养护时间

暖棚的温度/℃	5	10	15	20
养护时间/d	≥6	≥5	≥4	≥3

外加剂法及冻结法的质量验收规定详见本学习情境应知部分。

6. 砌体工程冬期施工安全技术有关规定

（1）一般规定

新工人入厂后，必须进行安全生产教育。在实际操作中，技术人员、老工人应对新工人进行砲石、砌砖及砌筑小砌块、填充墙等的施工方法、安全生产的交底。

在操作之前，必须检查操作环境是否符合安全要求、道路是否畅通、机具是否完好牢固、安全设施和防护用品是否齐全，经检查符合要求后，方可施工。

进入施工现场，必须戴安全帽。

脚手架未经验收，不得使用。验收之后，不得随意拆改及自行搭设；如必须拆改时，应由架子工进行。脚手架应搭设马道或梯子，以供人员上下。

非机电操作工人不得擅自开动机器及接拆机电设备。任何人不得乘坐吊车上下。

严禁上下投掷物体。在同一垂直面内，上下交叉作业时，必须设置防护隔层，防止物体坠落伤人。

凡不经常进行高空作业的人员，在进行高空作业之前，应经过体格检查，经医生证明合格者，方可参加作业。六级以上大风时，应停止高空作业。

现场或楼层上预留孔洞，出入口、楼梯口和电梯井等各种孔洞，是施工中的危险部位，必须严加防范，应设置护身栏杆或防护盖板，上述防护设施均不得任意挪动。楼梯在未安装栏杆之前，应绑护身栏杆。必要处夜间应设红灯示警。

学习笔记

（2）堆料

基槽两边 1m 以内严禁堆料。地面堆砖高度不应超过 1.5m。脚手板上堆放有料、砖及灰斗必须放稳，堆放数量不得过于集中，每平方米不得超过 270 kg；堆砖高度不得超过 3 皮侧砖。毛石一般不得超过一层，同一块脚手板上的操作人员不应超过 2 人。

在楼层特别是在预制板面施工时，堆放机具、砖块等物品不得超过使用荷载。如超过使用荷载时，必须经过验算，采取有效加固措施后，方可进行堆放及施工。

润砖应在地面上预先浇水，不得在地槽边或架子上用水管浇水，但冬季施工润砖时可在架子上进行。

（3）运输

使用于垂直运输的吊笼、滑车、绳索、刹车等，必须满足机械自身负荷要求，牢固无损；吊运时不得超载，并需经常检查，发现问题及时修理。

用起重机吊砖要用砖笼；吊砂浆的料斗不能装得过满。吊件回转范围内吊臂下不得有人停留，吊体落到架子上时，砌筑人员要暂停操作，并避开一边。

砖、石运输车辆行车时的前后距离，平道上不小于 2m；坡道上不小于 10m；斜屋面上不得用小车运料。运料小车在架子上停放时，必须停稳、立牢。装砖时要先取高处后取低处，防止砖垛倒塌砸人。

吊运石块时，应经常检查并做到吊具、绳索无损坏、断裂等现象，必须在石块放稳后，才能松开吊钩和绳索。

搬运块料时，应先检查块料有无断裂痕迹，抬起高度不宜过高，放置时不得猛起猛落，以防发生扭腰、砸脚等安全事故。

翻滚石料时，要双手抓牢，集中精力，不得站在石块上翻转方向；向槽内运料时，不得乱掷乱抛。

运输中要跨越的沟槽，应铺设宽度为 1.5m 以上的马道，沟宽如果超过 1.5 m，则必须由架子工支搭马道。

人工垂直往上或往下（深坑）转递砖石时，要搭递转架子，架子

的站人板宽度不小于 $60cm_0$

（4）安全生产要点

①要清除脚手架上的冰雪，增加防滑措施。

②风雪后要认真检查安全设施，检查脚手架、井字架、缆风绳和电器线路管道的完好情况。发现问题及时修复加固。

③蒸汽和热水管道应设有明显标志，防止人员烫伤。

④现场使用明火应有审批手续，完善消防设施。

⑤使用化学外加剂（如亚硝酸钠等）时，因其外观与食盐相同也具有盐味，应防止误当作食盐。

⑥为防止锅炉爆炸，应使用具有合格证的锅炉。凡是用煤采暖必须设有烟囱，以防止煤气中毒。

⑦冬期施工应注意发放劳保用品。

训练二：编制雨期常见砌体工程的施工方案

目的：

通过本任务的实训练习，掌握雨期砌体工程的施工组织要点，能编制常见砌体工程雨期施工组织措施。

建筑施工中使用的材料（砖、砂、石等）大多在露天存放，在雨期，砖淋雨后吸水过多，甚至达到了吸水饱和状态，表面会形成水膜；同时砂子的含水率过大，砂浆易产生离析现象，严重影响砌体的质量。因此，雨期对砌体施工的影响极大，应引起高度重视。

1. 雨期施工对砌体的影响

①已砌好而没达到强度要求的砌体，灰缝的砂浆，易被雨水冲刷掉，使墙体产生变形。

②砌筑时，由于砖吸水到饱和，砂浆流动性过大，会出现砂浆被挤出砖缝，产生坠灰现象。

③当砌上皮砖时，由于上皮灰缝中的砂浆挤入下皮砖的浆口"花槽"中，下皮砖向外产生移动，使砌筑工程不能顺利进行。

④雨期砌筑施工，轻则使墙面凹凸不平，达不到规范要求而影响工程质量，重则会引起墙体的倒塌造成事故。因此，雨期施工必须采

169

取一定的防范措施。

2. 雨期施工的防范措施

①施工布置。施工布置应根据晴、雨、内、外相结合的原则。施工中一般采取"大雨停，小雨干"的方法组织施工。

②材料要妥善存放。雨期施工中用砖必须集中堆放在地势高处，使用毡布或芦苇等遮盖，以减少雨水的大量浸入；砂子也应堆放在地势高处，周围设置排水沟以易于排水；水泥要存放在封闭和防雨、防潮好的专用水泥棚内按标号、进场时间分类堆放，防止水泥因降雨受潮结块失效造成经济损失。

③严格控制砂浆稠度。雨期施工用砂，拌制砂浆时应及时调整用水量，严格控制砂浆稠度。砂浆要随拌随用，避免大量堆积。运输砂浆时要加盖防雨材料，防止被雨水浇淋。如果砂浆受到雨水冲刷，应重新加水泥拌和后再使用。

④砖墙砌筑中，应适当缩小水平灰缝。砌筑时宜采用"三一"砌筑法，水平灰缝控制在 8~10 mm 左右为宜，每日砌筑高度以不超过一步架高（1.2m）为宜，以防倾倒。为了连续施工，可以采取夹板支撑的方法来加固。收工时应在墙面上盖一层干砖，并用草席等防雨材料覆盖，防止大雨冲掉刚砌筑好的砌体中的砂浆。如发现灰浆被冲刷，则应拆除 1~2 层砖，铺设砂浆重砌。

⑤内外墙同时砌筑。内外墙尽量同时砌筑，转角和丁字墙间的连接要跟上。稳定性较差的独立柱、窗间墙，必须加设临时支撑或及时浇注圈梁，这样可以增加砌体的稳定性，确保施工安全。

⑥对脚手架、马道、四口、五临边、井字架、道路等采取防止下沉和防滑措施，确保安全施工。同时复核砌体的垂直度及标高，无误后再继续施工。

⑦金属脚手架、高耸设备井架、塔吊要有防雷接地设施。

⑧雨季人员易受寒，尤其淋雨后易感冒，应备好姜汤、药物以驱寒气。

⑨大风、暴雨之前要对井架、提升架及缆风绳、脚手架进行加固，

大风暴雨后要全面检查、修复加固。

⑩做好防雨及现场排水工作。

3. 雨期施工的防雷设施

施工现场的防雷装置一般由避雷针、接地线和接地体三部分组成。

①避雷针：起承接雷电作用，施工中应安装在高出建筑物或构筑物的龙门吊、塔吊、人货电梯、钢脚手架的顶端。

②接地线：可采用截面面积不小于 $16mm^2$ 的铝芯导线或截面积不小于 $12\ mm^2$ 的铜芯导线，也可用直径不小于 $8mm^2$ 的圆钢钢筋。

③接地体：有棒形和带形两种形式，棒形接地体一般采用长度为 $1.5m$，壁厚不小于 $2.5mm$ 的钢管或 $5\ mm×50\ mm$ 的角钢。将其一端垂直打入地下，其顶端高出地平面不小于 $50cm$，带形接地体可采用截面面积不小于 $50mm^2$，长度不小于 $3m$ 的扁钢，平卧于地下 $500mm$ 处。

④防雷装置的避雷针、接地线和接地体必须双面焊接，焊缝长度应为圆钢直径的 6 倍或扁钢厚度的 2 倍以上，电阻不宜超过 10Ω。

学习情境九　复习思考题

1. 砌筑工程冬期、雨期施工有哪些特点与要求？

2. 砌筑工程冬期、雨期施工有哪些原则？

3. 砌筑工程冬期、雨期施工应做好哪些准备工作？

4. 砌筑工程冬期、雨期施工有哪些施工方法？各自的施工工艺有哪些？

5. 砌筑工程冬期施工中外加剂法的作用原理及适用范围是什么？

6. 配筋砖砌体工程冬期施工在构造上应采取哪些措施？

7. 雨期施工对砌体质量的影响主要表现在哪些方面？应采取哪些防范措施？

8. 冻结法施工的工艺如何？施工要点有哪些？

学习笔记

学习情境十　砌体结构设计

学习指南：

本学习情境主要学习《砌体结构设计规范》GB 50003-2011 的有关内容，并进行相应设计训练。

知识目标： 1. 了解砌体结构设计原则、计算规定、耐久性规定等。

2. 掌握砌体结构一般构造要求。

3. 掌握无筋砌体、配筋砌体及圈梁、过梁、墙梁、挑梁的有关设计计算公式，并能够运用设计简单构件。

技能目标： 运用相关计算公式设计简单砌体结构构件。

任务 10-1　设计原则

知识目标： 通过本任务的学习，了解砌体结构设计原则。

技能目标： 能正确进行荷载组合训练。

一、知识点

砌体结构设计采用以概率理论为基础的极限状态设计方法，以可靠指标度量结构构件的可靠度，采用分项系数的设计表达式进行计算。砌体结构应按承载能力极限状态设计，并满足正常使用极限状态的要求。砌体结构和结构构件在设计使用年限内及正常维护条件下，必须保持满足使用要求，而不需大修或加固。

（一）极限状态

极限状态——整个结构或结构的一部分超过某一特定状态就不能

满足设计指定的某一功能要求，这一特定状态称为该功能的极限状态。极限状态是有效状态和失效状态的分界，是结构开始失效的界限。

极限状态分为：承载能力极限状态、正常使用极限状态。

结构的极限状态可以用极限状态函数来表达：

$$Z = R - S \qquad (10-1)$$

S——荷载效应，它代表由各种荷载分别产生的荷载效应的总和；

R——结构构件抗力

当构件每一个截面满足 $S \leq R$ 时，认为构件是可靠的，否则认为是失效的。

根据概率统计理论，设 S、R 都是随机变量，则 Z=R—S 也是随机变量，Z 值可能出现三种情况：

当 $Z = R - S > 0$ 时，结构处于可靠状态；

当 $Z = R - S = 0$ 时，结构达到极限状态；

当 $Z = R - S < 0$ 时，结构处于失效（破坏）状态。

若要考虑结构的适用性和耐久性的要求，则极限状态方程可推广为

$$Z = g(x_1, x_2, \cdots\cdots, x_n) \qquad (10-2)$$

（二）承载能力极限状态设计表达式

结构重要性系数是考虑到结构安全等级的差异，其目标可靠指标应作相应的提高或降低而引入的。

1. 结构重要性系数 γ_0

结构构件的重要性系数，与安全等级对应：

（1）对安全等级为一级或设计使用年限为 100 年及以上的结构构件不应小于 1.1；

（2）对安全等级为二级或设计使用年限为 50 年的结构构件不应小于 1.0；

（3）对安全等级为三级或设计使用年限为 5 年及以下的结构构件不应小于 0.9。

（4）在抗震设计中，不考虑结构构件的重要性系数

2. 荷载效应组合设计值

实际上荷载效应中的永久荷载和可变荷载在一起，为荷载组合，并且可变荷载可能还不止一个。同时，可变荷载对结构的影响有大有小，多个可变荷载也不一定会同时发生，为此，考虑到两个或两个以上可变荷载同时出现的可能性较小，引入荷载组合值系数对其标准值折减。

作用效应有基本组合也有偶然组合。按承载能力极限状态设计时，一般考虑作用效应的基本组合，必要时尚应考虑作用效应的偶然组合。

《建筑结构荷载规范》中规定：对于基本组合，荷载效应组合的设计值应从由可变荷载效应控制的组合和由永久荷载效应控制的两组组合中取最不利值确定。

（1）由可变荷载效应控制的组合设计值表达式为

$$S = \gamma_G C_G G_k + \gamma_{Q1} C_{Q1} Q_{1k} + \sum_{i=2}^{n} \gamma_{Qi} C_{Qi} Q_{ik} \qquad (10-3)$$

（2）由永久荷载效应控制的组合设计值表达式为

$$S = \gamma_G C_G G_k + \sum_{i=1}^{n} \gamma_{Qi} \psi_{Ci} C_{Qi} Q_{ik} \qquad (10-4)$$

（三）正常使用极限状态设计表达式

按正常使用极限状态设计，主要是验算构件的变形和抗裂度或裂缝宽度。因其危害程度不及承载力引起的结构破坏造成的损失那么大，所以适当降低对可靠度的要求，只取荷载标准值。不需乘分项系数，也不考虑结构重要性系数。

可变荷载的最大值并非长期作用于结构之上，所以应按其在设计基准期内作用时间的长短和可变荷载超越总时间或超越次数，对其标准值进行折减。《建筑结构可靠度设计统一标准》采用小于1的准永久值系数和频遇值系数来考虑这种折减。

1. 可变荷载准永久值系数

荷载的准永久值系数是根据在设计基准期内荷载达到和超过该值的总持续时间与设计基准期内总持续时间的比值而确定。荷载的准永久值系数乘以可变荷载标准值所得乘积称为荷载的准永久值。

2. 可变荷载的频遇值系数

可变荷载的频遇值系数是根据在设计基准期间可变荷载超越的总时间或超越的次数来确定的。荷载的频遇值系数乘可变荷载标准值所得乘积称为荷载的频遇值。

3. 荷载组合

（1）荷载的短期作用

标准组合：主要用于当一个极限状态被超越时将产生严重的永久性伤害的情况；

频遇组合：主要用于当一个极限状态被超越时将产生局部损害、较大变形或短暂振动的情况。

（2）荷载的长期作用

准永久组合：主要用于当长期效应是决定性因素的情况。

1）按荷载标准组合：

$$S = S_k = C_G G_k + C_{Q1} Q_{1k} + \sum_{i=2}^{n} \psi_{Ci} C_{Qi} Q_{ik} \qquad (10-5)$$

2）按荷载频遇组合：

$$S = S_k = C_G G_k + \psi_{f1} C_{Q1} Q_{1k} + \sum_{i=2}^{n} \psi_{Ci} C_{Qi} Q_{ik} \qquad (10-6)$$

3）按荷载的准永久组合：

$$S = S_k = C_G G_k + \sum_{i=1}^{n} \psi_{qi} C_{Qi} Q_{ik} \qquad (10-7)$$

（四）砌体结构承载能力设计公式

砌体结构按承载能力极限状态设计时，应按下列公式中最不利组合进行计算：

$$\gamma_0 (1.2 S_{Gk} + 1.4 \gamma_L S_{Q1k} + \gamma_L \sum_{i=2}^{n} \gamma_{Qi} \varphi_{Ci} S_{Qik}) \leq R(f, a_k \cdots) \qquad (10-8)$$

$$\gamma_0 (1.35 S_{Gk} + 1.4 \gamma_L \sum_{i=1}^{n} \varphi_{Ci} S_{Qik}) \leq R(f, a_k \cdots) \qquad (10-9)$$

式中：γ_0——结构重要性系数。对安全等级为一级或设计使用年限为 100 年及以上的结构构件，不应小于 1.1；对安全等级为二级或设计使用年限为 50 年的结构构件，不应小于 1.0；对安全等级为三级或设

175

计使用年限为 5 年以下的结构构件，不应小于 0.9。

γ_L——结构构件的抗力模型不定性系数。对静力设计，考虑结构设计使用年限的荷载调整系数，设计使用年限为 50 年，取 1.0；设计使用年限为 100 年，取 1.1；

S_{Gk}——永久荷载标准值的效应；

S_{Q1k}——在基本组合中起控制作用的一个可变荷载标准值的效应；

S_{Qik}——第 i 个可变荷载标准值的效应；

$R(\cdot)$——结构构件的抗力函数；

γ_{Qi}——第 i 个可变荷载的分项系数；

φ_{Ci}——第 i 个可变荷载的组合值系数。一般情况下应取 0.7；对书库、档案库、储藏室或通风机房、电梯机房应取 0.9；

f——砌体的强度设计值，$f = f_k / \gamma_f$；

f_k——砌体的强度标准值，$f_k = f_m - 1.645\sigma_f$；

γ_f——砌体结构的材料性能分项系数，一般情况下，宜按施工质量控制等级为 B 级考虑，取 $\gamma_f = 1.6$；当为 C 级时，取 $\gamma_f = 1.8$；当为 A 级时，取 $\gamma_f = 1.5$；

f_m——砌体的强度平均值，可按砌体规范附录 B 的方法确定；

σ_f——砌体强度的标准差；

a_k——几何参数标准值。

当砌体结构作为一个刚体，需验算整体稳定性时，应按下列公式中最不利组合进行验算：

$$\gamma_0(1.2S_{G2K} + 1.4\gamma_L S_{G1K} + \gamma_L \sum_{i=2}^{n} S_{GiK}) \leqslant 0.8S_{G1K} \qquad (10-10)$$

$$\gamma_0(1.35S_{G2K} + 1.4\gamma_L \sum_{i=2}^{n} \psi_{Ci} S_{GiK}) \leqslant 0.8S_{G1K} \qquad (10-11)$$

式中：S_{G1K}——起有利作用的永久荷载标准值的效应；

S_{G2K}——起不利作用的永久荷载标准值的效应。

二、技能训练

训练一：1. 分组讨论举例说明承载能力极限状态、正常使用极限状态；

2. 分组讨论承载能力极限状态设计表达式、正常使用极限状态设计表达式、砌体结构承载能力设计公式。

任务 10-2　物理力学性能及材料强度等级

知识目标：通过本项目的学习，了解材料性能与强度等级。

技能目标：能掌握砌体结构的抗压、抗弯、抗剪、抗拉力学性能。

一、知识点

（一）砌体材料强度等级

1. 承重结构的块体的强度等级，应按下列规定采用：

（1）烧结普通砖、烧结多孔砖的强度等级：MU30、MU25、MU20、MU15 和 MU10；

（2）蒸压灰砂普通砖、蒸压粉煤灰普通砖的强度等级：MU25、MU20 和 MU15；

（3）混凝土普通砖、混凝土多孔砖的强度等级：MU30、MU25、MU20 和 MU15；

（4）混凝土砌块、轻集料混凝土砌块的强度等级：MU20、MU15、MU10、MU7.5 和 MU5；

2. 自承重墙的空心砖、轻集料混凝土砌块的强度等级，应按下列规定采用：

（1）空心砖的强度等级：MU10、MU7.5、MU5 和 MU3.5；

（2）轻集料混凝土砌块的强度等级：MU10、MU7.5、MU5 和 MU3.5。

3. 砂浆的强度等级应按下列规定采用：

（1）烧结普通砖、烧结多孔砖、蒸压灰砂普通砖和蒸压粉煤灰普通砖砌体采用的普通砂浆强度等级：M15、M10、M7.5、M5 和 M2.5；蒸压灰砂普通砖和蒸压粉煤灰普通砖砌体采用的专用砌筑砂浆强度等级：Ms15、Ms10、Ms7.5、Ms5.0；

（2）混凝土普通砖、混凝土多孔砖、单排孔混凝土砌块和煤矸石混凝土砌块砌体采用的砂浆强度等级：Mb20、Mb15、Mb10、Mb7.5 和 Mb5；

（二）物理力学性能

1. 砖砌体的抗压性能

砌体的抗压强度高，而抗拉、弯、剪强度很低，为正确理解砌体的受压工作性能，下面以砖砌体在轴心压力作用下的破坏试验为例加以说明。

（1）砖砌体的受压破坏过程：

受压试验：一般取尺寸为 370×370×970mm 的标准试件或 240×370×720mm 的常用试件。为使压力机机头的压力能均匀地传给砌体试件，可在试件两端各加砌一块混凝土垫块，常用垫块为 240×370×200mm，并配有钢筋网片。

试验表明：轴心受压砖砌体从开始加载直至破坏大致可分为三阶段（如图 10-1）：

图 10-1 轴心受压砖砌体破坏形式

第一阶段：在压力作用下，砌体中砖和砂浆所受的应力很复杂，大约在极限荷载的 50~70% 时，单砖内产生细小裂缝，如不增加荷载，单砖内裂缝也不发展。

第二阶段：随着压力增加，约为极限荷载的80~90%时，单砖内的裂缝连接起来形成连续裂缝，沿竖向通过若干皮砌体，此时即使不增加荷载，裂缝仍会继续发展。对实践中这时应视为危险状态，因为砌体在长期的持续荷载作用下与实验室的短期荷载作用下的工作条件不同，短时间实验中为 Pu 的 80~90%，在其长时间作用下将成为破坏荷载，而裂缝的逐渐发展即为破坏的过程。

第三阶段：随在实验室中短时间荷载增加到接近 Pu 时，砌体中裂缝发展很快，并连成几条贯通的裂缝，从而将砌体分成若干小柱体失稳（个别砖可能被压碎），砌体明显向外鼓出致砌体破坏。

（2）砖砌体受压状态分析

试验结果表明：砖砌体的抗压强度（如图10-2）远低于单砖的抗压强度。其主要原因是：

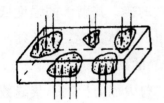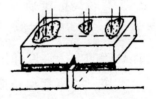

图 10-2 单砖受力形式

1）砌体中的单砖处于复合受力状态：由于灰缝厚度及密实性不均匀，单砖受上下不均匀的压力作用，使砖处于压、弯、剪复合受力状态。另砖本身不平整，使其受弯、剪、扭的作用。

2）砌体中的砖受有附加水平拉应力：由于砂浆与砖的弹性模量及横向变形系数不同，砖的横向变形比砂浆小，中间砂浆处于三向受压状态，而砖处于拉应力状态。

3）砌体内的砖置于水平灰缝上，可把砂浆看着弹性地基，把砖看着一根梁，若砂浆的弹性模量愈小，砖的弯曲变形愈大，在砖内产生的弯剪应力亦愈高。

4）竖向灰缝处存在应力集中：砌体抗压强度低于块体材料强度。

砌体内的垂直灰缝往往不能很好地填满，同时垂直灰缝内砂浆和砖的粘结力也不能保证砌体的整体性。因此在竖缝隙上的砖内将产生横向拉力和剪力的应力集中，加快砖的开裂。

从以上试验结果可看出：单块砖在砌体内并不是均匀受压，除受压外，还受到拉、弯、剪、扭的作用。由于压的脆性，使砖的抗拉、抗弯、抗剪强度大大低于它的抗压强度，因此，当单砖的抗压强度还未充分发挥时，砌体就因拉、弯、剪的作用而开裂了，最终使砖砌体的强度远低于砖的强度。

（3）影响砌体抗压强度的主要因素：

1）块体的强度和外形尺寸：

以上分析可知，砌体破坏主要是由于单砖内竖向受压、剪力、扭和横向受拉形成，而砖的抗压强度未被充分利用。

试验表明：

①有较高抗压强度砖而没有相应抗弯强度的砖，其砌体的强度低于有较高抗弯强度而抗压强度较低的砖砌筑出的砌体强度。因此须同时提高砖的抗压强度和抗弯强度，即可得到较高的砌体强度。

②块材的厚度和长度：厚度增加，抗弯、剪力能力提高，灰缝数量减小，单砖块材内复杂应力情况减小，故砌体强度提高。而长度增加，抗弯、抗剪等不利因素增加，故砌体强度降低。

③块材的平整度：表面越平整，灰缝越均匀，砌体强度越高。

2）砂浆的物理力学性能（强度、和易性、保水性）：

砂浆强度愈高，砌体的抗压强度也愈高；砂浆的和易性好，灰缝厚度均匀且易密实，可减小单砖内的复杂应力，从而提高砌体强度。

试验表明，用混合砂浆代替水泥砂浆是为了提高其流动性，纯水泥砂浆虽然抗压强度较高，但由于其流动性和保水性较差，不易保证砌筑时砂浆均匀、饱满和密实，因此使砌体强度降低 10~20%。但若流动性太大（如过多使用塑化剂），硬化后变形增大，单砖内受到的弯剪及拉应力亦大，砌体强度反而降低。

3）砌筑质量和施工速度（灰缝厚度、含水率、速度）

砌筑质量的主要标志是灰缝质量，包括灰缝的均匀性、密实度和饱满度；

①水平灰缝的均匀饱满可改善块体在砌体中的应力状态，提高砌体的抗压强度。水平灰缝的饱满度为73%，砌体强度可达规定的指标。《施工规范》要求砖砌体水平灰缝砂浆的饱满度不得低于80%；砌块砌体水平灰缝砂浆饱满度按净面积计算不得低于90%；竖向灰缝饱满度不得小于80%。

②水平灰缝的厚度：厚度大一些，砂浆易铺均，但增加了砖的拉应力。从而降低了砌体的强度；厚度太薄，使砖面凸凹部分不能填平，也会降低砌体的强度，规范规定水平灰缝厚度为8~12mm。

③砖的含水率：砖的含水率过小时，则大部分水分会很快被砖吸收，不利于砂浆的均匀铺设和硬化，使砌体强度降低；但砖的含水率过高时，会使砌体的抗剪强度降低，同时当砌体干燥时，会产生较大的收缩应力，导致砌体出现垂直裂缝。

施工规范要求：砖应提前1~2h浇水，烧结普通砖、多孔砖的含水率宜为10~15%；蒸压灰砂砖、蒸压粉煤灰砖含水率宜为8~15%。现场检验砖的含水率的简易方法为断砖法，当砖截面四周融水深度为15~20mm时，视为符合要求的适宜含水率。因干砖会过多地吸收砂浆中的水分。使砂浆失水而达不到结硬后的应有强度。一般要求的含水率为10~15%。

4）其他因素（试验方法、养护条件）

包括试件尺寸、形状和加载方式（缓慢加载或快速加载）等不同，所得到砌体抗压强度也不同。其他如搭接方式、砂浆和砖的粘结力，竖向灰缝的饱满度及构造方式等，对砌体强度均有影响。搭接方式影响砌体的整体性。整体性不好，会导致砌体强度的降低。因此砖砌体应上下错缝，内外搭砌，宜采用一顺一丁、梅花丁或三顺一丁的砌筑形式。

5）施工技术和管理水平：

质量验收规范根据施工现场的质量管理、砂浆和混凝土强度和砌筑工人技术水平等综合评价，从宏观上将砌体工程施工质量控制等级分为 A、B、C 级，砌体强度与其施工质量等级相联系。

2. 砌体的抗拉、抗弯和抗剪性能

砌体结构抗压强度较高，而轴心抗拉、抗弯、抗剪强度较低，因此在建筑结构中主要用于受压，有时也会用来承受拉力、弯矩和剪力，如小型水池、圆形筒仓、挡土墙，过梁和拱支座等，砌体的受拉、弯和剪破坏一般发生在砂浆和块体的连接面上，其强度取决于灰缝强度，即砂浆和块体的粘结强度（分为切向粘结和法向粘结强度）。

（1）砌体的轴心受拉破坏特征

砌体在轴心拉力作用下的破坏分为三种情况（如图 10-3）：

沿齿缝截面破坏（a）：砌体在竖向灰缝中砂浆不易填满和密实，另外砂浆在硬化时产生收缩，大大削弱甚至完全破坏了法向粘结力。这种破坏起决定性作用的是水平灰缝的切向粘结力。砖等级高，砂浆等级较低，切向粘结强度低于砖的抗拉强度时发生。

沿块体和竖向灰缝截面破坏（b）：竖向灰缝不饱满，其法向粘结力是不可靠的，砌体抗拉承载力取决于块体本身的抗拉强度。只有块体强度很低时才会发生这种形式的破坏。砖等级低，砂浆等级较高。切向粘结强度高于砖的抗拉强度时发生。

沿水平通缝截面破坏（c）：轴向拉力与水平灰缝垂直时，砌体沿水平通缝破坏。此时砌体对抗拉承载力起决定作用的因素是法向粘结力。由于法向粘结力很小且无可靠保证，工程设计时应避免利用法向粘结强度的受拉构件。

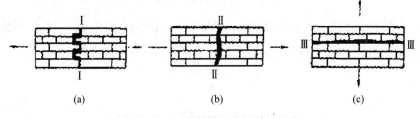

图 10-3 砌体的轴心受拉破坏形式

（2）砌体的弯曲受拉破坏形态（如图10-4）：

砌体受弯破坏总是从受拉一侧开始，即发生弯曲受拉破坏。有三种形态：沿齿缝破坏；沿块体和竖向灰缝破坏；沿水平灰缝发生弯曲受拉破坏；其中（c）种受力形式应避免。

(a)沿齿缝截面破坏　　(b)沿块体和竖向灰缝截面破坏　　(c)沿通缝截面破坏

图10-4　砌体的弯曲受拉破坏形式

（3）砌体的受剪破坏形态（如图10-5）

砌体结构在剪力作用下，可能发生两种破坏：沿水平灰缝截面破坏、沿齿缝截面破坏或沿阶梯形截面破坏。其中沿阶梯形截面破坏是地震中墙体最多见的破坏形式；沿齿缝截面破坏多发生在上下错缝很小砌筑质量很差的砌体中。

(a)沿通缝截面坏　　　　　　(b)沿阶梯形截面破坏

图10-5　砌体的受剪破坏形态

影响砌体抗剪强度的因素：

1）砂浆和块体的强度：砂浆和块体强度高，其抗剪强度也高。

2）法向压应力：当垂直压应力较小时，砌体沿通缝受剪，压应力产生的摩擦力将减小或阻止砌体剪切面的水平滑移，而沿通缝截面剪切破坏；当垂直压力增加到一定数值时，砌体的斜截面上有可能因抗主拉应力的强度不足而产生沿阶梯裂缝的破坏。

3）砌筑质量：与砂浆饱满度和块体的含水率有关。它们影响砌体的质量因此影响砌体的抗剪强度。

4）其他因素：如试验方法有单剪、双剪以及对角加载等方法，砌体的抗剪强度应与试件的形状、尺寸及加载方式有关。

3. 砌体抗压强度设计值

（1）龄期为 28d 的以毛截面计算的砌体抗压强度设计值，当施工质量控制等级为 B 级时，应根据块体和砂浆的强度等级分别按下列规定采用：

1）烧结普通砖、烧结多孔砖砌体的抗压强度设计值，应按表 10-1 采用。

表 10-1　烧结普通砖和烧结多孔砖砌体的抗压强度设计值（MPa）

砖强度等级	砂浆强度等级					砂浆强度
	M15	M10	M7.5	M5	M2.5	0
MU30	3.94	3.27	2.93	2.59	2.26	1.15
MU25	3.60	2.98	2.68	2.37	2.06	1.05
MU20	3.22	2.67	2.39	2.12	1.84	0.94
MU15	2.79	2.31	2.07	1.83	1.60	0.82
MU10	—	1.89	1.69	1.50	1.30	0.67

2）混凝土普通砖和混凝土多孔砖砌体的抗压强度设计值，应按表 10-2 采用。

表 10-2　混凝土普通砖和混凝土多孔砖砌体的抗压强度设计值（MPa）

砖强度等级	砂浆强度等级					砂浆强度
	Mb20	Mb15	Mb10	Mb7.5	Mb5	0
MU30	4.61	3.94	3.27	2.93	2.59	1.15
MU25	4.21	3.60	2.98	2.68	2.37	1.05
MU20	3.77	3.22	2.67	2.39	2.12	0.94
MU15	—	2.79	2.31	2.07	1.83	0.82

3）蒸压灰砂普通砖和蒸压粉煤灰普通砖砌体的抗压强度设计值，应按表10-3采用。

表10-3 蒸压灰砂普通砖和蒸压粉煤灰
普通砖砌体的抗压强度设计值（MPa）

砖强度等级	砂浆强度等级				砂浆强度
	M15	M10	M7.5	M5	0
MU25	3.60	2.98	2.68	2.37	1.05
MU20	3.22	2.67	2.39	2.12	0.94
MU15	2.79	2.31	2.07	1.83	0.82

（2）龄期为28d的以毛截面计算的各类砌体的轴心抗拉强度设计值、弯曲抗拉强度设计值和抗剪强度设计值，应符合下列规定：

当施工质量控制等级为B级时，强度设计值应按表10-4采用：

表10-4 沿砌体灰缝截面破坏时砌体的轴心抗拉强度设计值、
弯曲抗拉强度设计值和抗剪强度设计值（MPa）

强度类别	破坏特征及砌体种类		砂浆强度等级			
			≥M10	M7.5	M5	M2.5
轴心抗拉	沿齿缝	烧结普通砖、烧结多孔砖	0.19	0.16	0.13	0.09
		混凝土普通砖、混凝土多孔砖	0.19	0.16	0.13	—
		蒸压灰砂普通砖、蒸压粉煤灰普通砖	0.12	0.10	0.08	—
		混凝土和轻集料混凝土砌块	0.09	0.08	0.07	—
		毛石	—	0.07	0.06	0.04

续表

强度类别	破坏特征及砌体种类		砂浆强度等级			
			≥M10	M7.5	M5	M2.5
弯曲抗拉	沿齿缝	烧结普通砖、烧结多孔砖	0.33	0.29	0.23	0.17
		混凝土普通砖、混凝土多孔砖	0.33	0.29	0.23	—
		蒸压灰砂普通砖、蒸压粉煤灰普通砖	0.24	0.20	0.16	—
		混凝土和轻集料混凝土砌块	0.11	0.09	0.08	—
		毛石	—	0.11	0.09	0.07
	沿通缝	烧结普通砖、烧结多孔砖	0.17	0.14	0.11	0.08
		混凝土普通砖、混凝土多孔砖	0.17	0.14	0.11	—
		蒸压灰砂普通砖、蒸压粉煤灰普通砖	0.12	0.10	0.08	—
		混凝土和轻集料混凝土砌块	0.08	0.06	0.05	—
抗剪	烧结普通砖、烧结多孔砖		0.17	0.14	0.11	0.08
	混凝土普通砖、混凝土多孔砖		0.17	0.14	0.11	—
	蒸压灰砂普通砖、蒸压粉煤灰普通砖		0.12	0.10	0.08	—
	混凝土和轻集料混凝土砌块		0.09	0.08	0.06	—
	毛石		—	0.19	0.16	0.11

下列情况的各类砌体，其砌体强度设计值应乘以调整系数 γ_a：

1）对无筋砌体构件，其截面面积小于 $0.3m^2$ 时，γ_a 为其截面面积加 0.7；对配筋砌体构件，当其中砌体截面面积小于 $0.2m^2$ 时，γ_a 为其截面面积加 0.8；构件截面面积 "m^2" 计；

2）当砌体用强度等级小于 M 5.0 的水泥砂浆砌筑时，对表 10-1 表的数值，γ_a 为 0.9；对表 10-2、10-3 表中数值，γ_a 为 0.8；

3）当验算施工中房屋的构件时，γ_a 为 1.1。

二、技能训练

训练一：分组讨论砌体的抗压、抗拉、抗剪强度设计值如何确定。

任务 10-3　砌体结构房屋形式和组成

知识目标：通过本项目的学习，了解砌体结构房屋的形式与组成。
技能目标：能掌握砌体结构计算简图和水平荷载的传递。

一、知识点

混合结构的房屋通常是指屋盖、楼盖等水平承重结构的构件采用钢筋混凝土或木材，而墙、柱与基础等竖向承重结构的构件采用砌体材料的房屋。

混合结构中的墙体一般具有承重和围护的作用，墙体、柱的自重约占房屋总重的 60%。由于砌体的抗压强度并不太高，此外块材与砂浆间的粘结力很弱，使得砌体的抗拉、抗弯、抗剪的强度很低。所以，在混合结构的结构布置中，使墙柱等承重构件具有足够的承载力是保证房屋结构安全可靠和正常使用的关键，特别是在需要进行抗震设防的地区，以及在地基条件不理想的地点，合理的结构布置是极为重要的。

房屋的设计，首先是根据房屋的使用要求，以及地质、材料供应和施工等条件，按照安全可靠、技术先进、经济合理的原则，选择较合理的结构方案。同时再根据建筑布置、结构受力等方面的要求进行主要承重构件的布置。在混合结构的结构布置中，承重墙体的布置不仅影响到房屋平面的划分和房间的大小，而且对房屋的荷载传递路线、承载的合理性、墙体的稳定以及整体刚度等受力性能都有直接的关系。

(一) 砌体房屋结构布置形式

砌体结构中承重墙的布置，一般有四种方案可供选择，即纵墙承重体系、横墙承重体系、纵横墙承重体系和内框架承重体系。

1. 纵墙承重体系

纵墙承重体系是指纵墙直接承受屋面、楼面荷载的结构方案。图10-6为两种纵墙承重的结构布置图。其中（a）为某车间屋面结构布置图，屋面荷载主要由屋面板传给屋面梁，再由屋面梁传给纵墙。其中（b）为某多层教学楼的楼面结构布置图，除横墙相邻开间的小部分荷载传给横墙外，楼面荷载大部分通过横梁传给纵墙。有些跨度较小的房屋，楼板直接搁置在纵墙上，也属于纵墙承重体系。

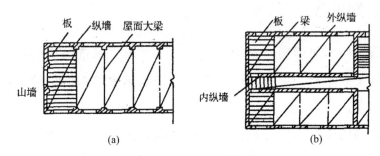

(a)   (b)

图 10-6　纵墙承重体系

纵墙承重体系房屋屋（楼）面荷载的主要传递路线为：楼（屋）面荷载——纵墙——基础——地基。

纵墙承重体系房屋的纵墙承受较大荷载，设在纵墙上的门窗洞口的大小及位置受到一定的限制；横墙的设置主要是为了满足房屋的空间刚度，因而数量较少，房屋的室内空间较大。

2. 横墙承重体系

楼（屋）面荷载主要由横墙承受的房屋，属于横墙承重体系。图10-7所示为某宿舍楼面结构平面布置图。

这类房屋荷载的主要传递路线为：楼（屋）面荷载——横墙——基础——地基。

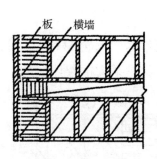

图 10-7 横墙承重体系

横墙承重体系房屋的横墙较多，又有纵墙拉结，房屋的横向刚度大，整体性好，对抵抗风力、地震作用和调整地基的不均匀沉降较纵墙承重体系有利。纵墙主要起围护、隔断和与横墙连结成整体的作用，一般情况下其承载力未得到充分发挥，故墙上开设门窗洞口较灵活。

3. 纵横墙承重体系

楼（屋）面荷载分别由纵墙和横墙共同承受的房屋，称为纵横墙承重方案。图 10-8 为某教学楼楼面结构布置图。

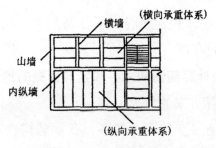

图 10-8 纵、横墙承重体系

这类房屋的主要荷载传递路线为：楼（屋）面荷载——$\begin{bmatrix}纵墙\\横墙\end{bmatrix}$——基础——地基。

纵横墙承重体系的特点介于前述的两种方案之间。其纵横墙均承受楼面传来的荷载，因而纵横方向的刚度均较大；开间可比横墙承重体系大，而灵活性却不如纵墙承重体系。

189

4. 内框架承重体系

内部由钢筋混凝土框架、外部由砖墙、砖柱构成的房屋，称为内框架承重体系。图 10-9 就是某内框架体系的平面图。

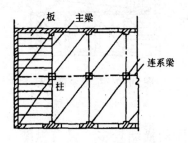

图 10-9　内框架承重体系

内框架承重体系房屋具有下列特点：

a　内墙较少，可取得较大空间，但房屋的空间刚度较差。若上层为住宅，下层为内框架的结构，会造成上下刚度突变，不利于抗震。

b　外墙和内柱分别由砌体和钢筋混凝土两种压缩性能不同的材料组成，在荷载作用下将产生压缩变形差异，从而引起附加内力，不利于抵抗地基的不均匀沉降。

c　在施工上，砌体和钢筋混凝土分属两个不同的施工过程，会给施工组织带来一定的麻烦。

（二）砌体结构计算简图和水平和竖向荷载的传递

1. 房屋静力计算方案的分类

混合结构房屋是一空间受力体系，各承载构件不同程度地参与工作，共同承受作用在房屋上的各种荷载的房屋。在进行房屋的静力分析时，首先应根据房屋不同的空间性能，分别确定其静力计算方案，然后再进行静力计算。

《规范》考虑屋（楼）盖水平刚度的大小和横墙间距两个主要因素，划分静力计算方案。根据相邻横墙间距及屋盖或楼盖的类别，由表 10-5 确定房屋的静力计算方案。

表 10-5　房屋的静力计算方案

	屋盖或楼盖类别	刚性方案	刚弹性方案	弹性方案
1	整体式、装配整体和装配式无檩体系钢筋混凝土屋盖或钢筋混凝土楼盖	$s<32$	$32 \leqslant s \leqslant 72$	$s>72$
2	装配有檩体系钢筋混凝土屋盖，轻钢屋盖和有密铺望板的木屋盖或木楼盖	$s<20$	$20 \leqslant s \leqslant 48$	$s>48$
3	瓦材屋面的木屋盖和轻钢屋盖	$s<16$	$16 \leqslant s \leqslant 36$	$s>36$

注：1. 表中 s 为房屋横墙间距，其长度单位为 m；

　　2. 当屋盖、楼盖类别不同或横墙间距不同时，可按《规范》第 4.2.7 条的规定确定的静力计算方案；

　　3. 对无山墙或伸缩缝处无横墙的房屋，应按弹性方案考虑。

当房屋的横墙间距较小，屋盖和楼盖的刚度较大时，房屋的空间刚度也较大。若在水平荷载作用下，房屋的水平位移很小，可假定墙、柱顶端的水平位移为零。因此在确定墙、柱的计算简图时，可以忽略房屋的水平位移，把楼盖和屋盖视为墙、柱的不动铰支承，墙、柱的内力按侧向有不动铰支承的竖向构件计算。按这种方法进行静力计算的房屋属刚性方案房屋。

当横墙间距较大，或无横墙（山墙），屋盖和楼盖的水平刚度较小时，房屋的空间刚度较小。若在水平荷载作用下，房屋的水平位移较大，空间作用的影响可以忽略。其静力计算可按屋架（大梁）与墙柱为铰接，墙柱下端固定于基础，不考虑空间工作的平面排架来计算。按这种方法进行静力计算的房屋属弹性方案房屋。弹性方案房屋在水平荷载作用下，墙顶水平位移较大，而且墙内会产生较大的弯矩。因此，如果增加房屋的高度，房屋的刚度将难以保证，如增加纵墙的截面面积势必耗费材料。所以对于多层砌体结构房屋，不宜采用弹性方案。

房屋的空间刚度介于刚性方案与弹性方案之间，在水平荷载的作用下，水平位移比弹性方案房屋要小，但不能忽略不计。其静力计算可根据房屋空间刚度的大小，按考虑房屋空间工作的排架来计算。按这种方法进行静力计算的房屋属刚弹性方案房屋。

2. 单层房屋的墙体计算

(1) 单层弹性方案的房屋

某些混合结构的房屋，如仓库、食堂等，为了满足使用功能的要求，采用统长大开间的建筑平面。由于横墙设置较少，间距较大，房屋空间刚度较小，按《规范》规定，属于弹性方案的房屋。

1）计算简图

以单层单跨的房屋为例，一般取有代表性的一个开间为计算单元，并可算出计算单元内的各种荷载值。该计算单元的结构可简化为一个有侧移的平面排架，即按不考虑空间作用的平面排架进行墙、柱的分析。在结构简化为计算简图的过程中，考虑了下列两条假定：

a 墙（柱）下端嵌固于基础顶面，屋架或屋面大梁与墙（柱）顶部的连接为铰接。

b 屋架或屋面大梁的轴向变形可忽略。

根据上述假定，其计算简图为有侧移的平面排架，由排架内力分析并求得墙体的内力。

2）竖向荷载作用下的内力计算

单层房屋墙体所承受的竖向荷载主要为屋盖传来的荷载。屋面荷载包括屋面永久荷载与可变荷载，它们通过屋架或屋面梁以集中力 N_0 作用于墙顶，N_0 的作用点对墙体的中心线通常存在偏心距 e_0。对于屋架，N_0 的作用点常位于屋架下弦端部的上下弦中心线交点处 [如图 10-10 (a)]；当梁支承于墙上时，N_0 的作用点距墙体内边缘 $0.4a_0$ [图 10-10 (b)]，a_0 为梁端有效支承长度。

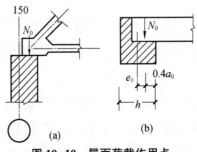

图 10-10 屋面荷载作用点

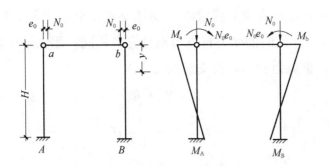

图 10-11　弹性方案计算简图

学习笔记

　　排架的内力可按结构力学的方法进行计算。如房屋对称，两边墙（柱）的刚度相同，屋盖传下的竖向荷载亦为对称，则排架柱顶不发生侧移，即柱顶水平位移，此时其受力特点及内力计算结果均与刚性方案相同，相应的弯矩计算公式为

$$M_a = M_b = M = N_0 e_0 \tag{10-12}$$

$$M_A = M_B = \frac{1}{2}M \tag{10-13}$$

$$M_y = \frac{M}{2}\left(2 - 3\frac{y}{H}\right) \tag{10-14}$$

3）风荷载作用下的内力计算

　　风荷载作用于屋面和墙面。作用于屋面的风荷载可简化为作用于墙（柱）顶的集中力 F_w，作用于迎（背）风墙面的风荷载简化为沿高度均匀分布的线荷载 q_1（q_2）。对于单跨的弹性方案房屋，其计算简图如图 10-12（a）所示，图中 H 为单层单跨排架柱的高度，等于基础顶面至墙（柱）顶面的高度，当基础埋深较大时，可取 0.5m。按平面排架进行分析的计算步骤为：

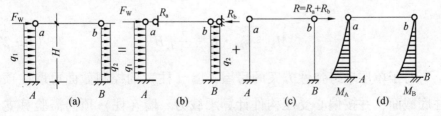

图 10-12　弹性方案房屋在风荷载作用下的计算

A 先在排架上端加上假设的不动铰支座，成为无侧移的排架 [图 10-12（b）]。此时的受力特点与刚性方案相同，用力学计算方法可求出墙（柱）顶剪力和不动铰支座的反力 R。

$$R = R_a + R_b \qquad (10-15)$$

$$R_a = F_w + \frac{3}{8}q_1H \qquad (10-16)$$

$$R_b = \frac{3}{8}q_2H \qquad (10-17)$$

$$V_{aA1} = -R_a + F_w \qquad (10-18)$$

$$V_{bB1} = -R_b \qquad (10-19)$$

B 把已求出的不动铰支座反力只反方向作用于排架顶端 [图 10-12（c）]，用剪力分配法进行剪力分配，求得各墙（柱）顶的剪力值。假如本例的房屋对称，则两墙（柱）的剪力分配系数 μa、μb。均为二分之一。

剪力分配系数 $\mu_i = \dfrac{\dfrac{1}{\delta_i}}{\sum \dfrac{1}{\delta_i}}$，（10-20） 其中柱顶位移 $\delta_i = \dfrac{H^3}{3EI_i}$。

（10-21）

$$V_{aA2} = \mu_a \cdot R \qquad (10-22)$$

$$V_{aB2} = \mu_b \cdot R \qquad (10-23)$$

C 叠加步骤 A、B 的内力，即得墙（柱）的实际内力值。

$$V_{aA} = V_{aA1} + V_{aA2} = \mu_a R - R_a + F_w \qquad (10-24)$$

$$V_{bB} = V_{bB1} + V_{bB2} = \mu_b R - R_b \qquad (10-25)$$

$$M_A = V_{aA} \cdot H + \frac{1}{2}q_1H^2 \qquad (10-26)$$

$$M_B = V_{bB} \cdot H + \frac{1}{2}q_2H^2 \qquad (10-27)$$

对于单层单跨弹性方案的房屋，墙（柱）的控制截面可取柱顶和柱底截面，并按偏心受压构件计算承载力。墙（柱）顶尚需验算支承处的局部受压承载力。变截面柱尚应验算变阶处截面的承载力。

　　等高的单层多跨弹性方案房屋的内力分析与上述的单层单跨房屋相似，可用相似的方法进行计算。

　　（2）单层刚性方案房屋的计算

　　单层刚性方案房屋仍选取有代表性的一个开间作为计算单元。由于结构的空间作用，房屋纵墙顶端的水平位移很小，在作内力分析时认为水平位移为零。可得单层单跨刚性方案房屋的计算简图，如图10-13。

　　在竖向荷载作用下，墙（柱）内力计算结果与单层单跨排架无侧移时的内力计算结果相同；在水平荷载（风荷载）作用下，其计算简图与图10-12（b）相同，其不动铰支座反力和墙（柱）顶的剪力值计算，并进一步求得墙（柱）的弯矩值。

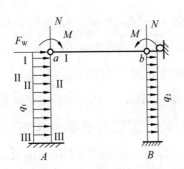

图10-13　纵墙计算简图

　　叠加在竖向荷载和水平荷载作用下的内力，即可得出实际的内力。

　　（3）单层刚弹性方案房屋的计算

　　A 计算简图

　　刚弹性的方案单层房屋的空间刚度介于弹性方案与刚性方案之间。由于房屋的空间作用，墙（柱）顶在水平方向的侧移受到一定的约束作用。其计算简图与弹性方案的计算简图相类似，所不同的是在排架柱顶加上一个弹性支座，以考虑房屋的空间工作。计算简图如图10-14（a）所示。

（a）　　　　　　　　（b）　　　　　　　（c）

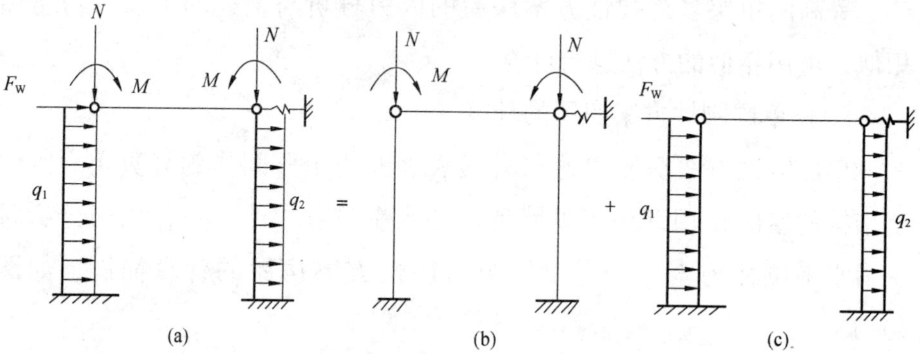

图 10-14　单层刚弹性方案房屋的计算简图

B 内力计算

a 竖向荷载作用下的内力计算。计算简图 ［图 10-14 （a）］ 可分解为竖向荷载作用 ［图 10-14 （b）］ 和风荷载作用 ［图 10-14 （c）］ 两部分。在竖向荷载作用下 ［图 10-14 （b）］，如房屋及荷载对称，则房屋无侧移，其内力计算结果与刚性方案相同。

b 风荷载作用下的内力计算。由于刚弹性方案房屋的空间作用，屋盖在水平方向对柱顶起到一定程度的支承作用，所提供的柱顶侧向支承力（弹性支座反力）为 X，柱顶侧移值也由无空间作用时的 up 减小至 ηup，即柱顶侧移值减小了 up－ηup＝（1－η）up ［图 10-15 （a）、（b）、（c）］。图 10-15 （b） 与弹性方案承受风荷载作用的情况相同，可分解为图 10-15 （d）、（e） 两种，其中图 10-15 （d） 与刚性方案的计算简图相同。图 10-15 （e）、（f） 的结构图式相同，但反向作用的假设支座反力 R 与弹性支座反力 X 方向相反。根据位移与力成正比的关系，可求得弹性支座的反力 X：

$$\frac{\mu_p}{(1-\eta)\mu_p} = \frac{R}{X} \tag{10-28}$$

$$X = (1-\eta)R \tag{10-29}$$

因此，图 10-15e）、（f） 可叠加为图 10-15 （h），柱顶反力为 $R-X = R-(1-\eta)R = \eta R$。

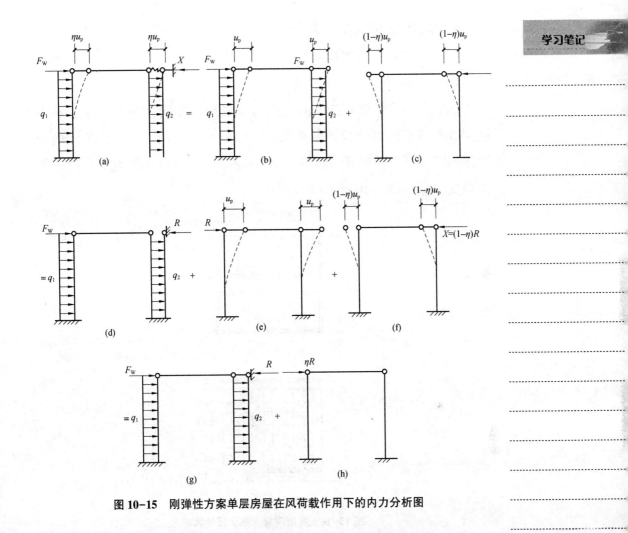

图 10-15　刚弹性方案单层房屋在风荷载作用下的内力分析图

内力计算步骤如下：

第一步：先在排架柱顶端附加一水平不动铰支座，得到无侧移排架 [图 10-15（g）]，用与刚性方案同样的方法求出在已知荷载作用下不动铰支座反力及柱顶剪力。

第二步：将已求出的不动铰支座反力乘以空间性能影响系数 R，变成 ηR，反向作用于排架柱顶 [图 10-15（h）]，用剪力分配法进行剪力分配，求得各柱顶的剪力值。

第三步：叠加上述两步的计算结果，可求得各柱的内力，画出内力图。

学习笔记

3. 多层房屋的墙体计算

（1）多层刚性方案房屋

1）竖向荷载作用下的计算

多层房屋计算单元选取的方法与单层房屋相同，图 10-16 为某多层刚性方案承重纵墙的计算单元。在竖向荷载作用下，计算单元内的墙体如同一竖向连续梁，屋盖、各层楼盖与基础顶面作为该竖向连续梁的支承点，如图 10-17（b）所示。

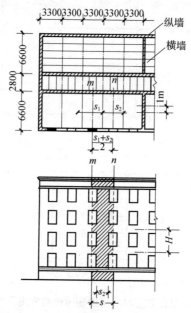

图 10-16 多层刚醒方案房屋计算单元

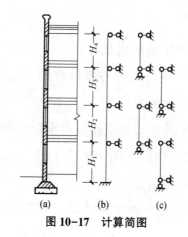

图 10-17 计算简图

　　由于楼盖的梁（或板）搁置于墙体内，削弱了墙体的截面，并使其连续性受到影响。因此，可以认为，在墙体被削弱的截面上，所能传递的弯矩是较小的。为了简化计算，可近似地假定墙体在楼盖处与基础顶面处均为铰接，即墙体在每层高度范围内，可近似地视为两端铰支的竖向构件［图10-17（c）］，每层墙体可按竖向放置的简支构件独立进行内力分析，这样的近似处理是偏于安全的。上层的竖向荷载 N_u 沿着上层墙柱的轴线传下；本层楼盖传给墙体的竖向荷载，考虑其对墙体的实际偏心影响，当梁支承于墙上时，考虑梁端支承压应力的不均匀分布，梁端支承压力 N_p 到墙边的距离，应取 $0.4a_0$，梁端有效支承长度 a_0 计算，计算长度取梁（板）底至下层梁（板）底的距离，底层墙体下端可取至基础大放脚上皮处。取为本层墙体自重，则当上、下层墙厚相同时，层间墙体的内力计算为［图10-18（a）］：

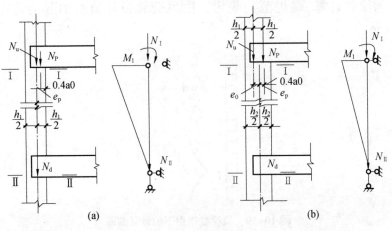

(a)　　　　　　　　　(b)

图 10-18

I-I 截面：

$$N_I = N_u + N_p$$

$$M_I = N_p \cdot e_p$$

II-II 截面：

$$N_{II} = N_u + N_p + N_d$$

$$M_{II} = 0$$

当上下层墙厚不同时，沿上层墙体轴线传来的轴向力 N_u，对下层墙体将产生偏心距［图 10-18（b）］。内力计算为：

I-I 截面：

$$N_{\mathrm{I}} = N_u + N_p$$

$$M_{\mathrm{I}} = N_p \cdot e_p - N_u \cdot e_0$$

Ⅱ-Ⅱ 截面：

$$N_{\mathrm{II}} = N_u + N_p + N_d$$

$$M_{\mathrm{II}} = 0$$

式中 e_p —— N_p 对墙体截面重心线的偏心距；

$\quad\quad e_0$ ——上、下墙体截面重心线的偏心距。

为简化计算，偏于安全地取墙体的计算截面为窗间墙截面。

2）水平荷载作用下的计算

在水平荷载（风荷载）作用下，墙体被视作竖向连续梁（图 10-19）。为简化计算，《规范》规定，由风荷载设计值所引起的弯矩可按下式计算：

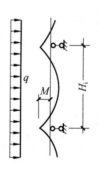

图 10-19　风荷载作用下的计算简图

$$M = \frac{qH_i^2}{12} \qquad\qquad (10-30)$$

式中 H_i ——第 i 层层高；

$\quad q$ ——计算单元上沿墙高分布的风荷载设计值。

对刚性方案的房屋，风荷载所引起的内力，往往不足全部内力的 5%，而且风荷载参与组合时，可以乘上小于 1 的组合系数。因此，《规范》规定，当刚性方案多层房屋的外墙符合下列要求时，静力计算可不考虑风荷载的影响：

　　a 洞口水平截面面积不超过全截面面积的 2/3；

　　b 层高和总高不超过表 10-6 的规定；

　　c 屋面自重不小于 0.8kN/m²。

学习笔记

表 10-6　外墙不考虑风荷载影响时的最大高度

基本风压道（kN/m²）	层高（m）	总高（m）
0.4	4.0	28
0.5	4.0	24
0.6	4.0	18
0.7	3.5	18

3）承重横墙的计算

当墙两侧楼盖传来的轴向力相同（图 10-20），墙体承受轴心压力，可只以各层墙体底部截面 Ⅱ-Ⅱ 作为控制截面计算截面的承载力，因该截面轴力最大。如横墙两边楼盖传来的荷载不同，则作用于该层墙体顶部 I-I 截面的偏心荷载将产生弯矩，I-I 截面应按偏心受压验算截面承载力。

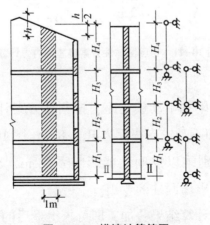

图 10-20　横墙计算简图

（2）多层刚弹性方案的房屋

1）竖向荷载作用下的内力计算

对于一般形状较规则的多层多跨房屋，在竖向荷载作用下产生的水平位移比较小，为简化计算，可忽略水平位移对内力的影响，近似地按多层刚性方案房屋计算其内力。

2）水平荷载作用下的内力计算

多层房屋与单层房屋不同，它不仅在房屋纵向各开间之间存在着空间作用，而且沿房屋竖向各楼层也存在着空间作用，这种层间的空间作用还是相当强的。因此，多层房屋的空间作用比单层房屋的空间作用要大。

为了简化计算，《规范》规定，多层房屋每层的空间性能影响系数 ηi,，可根据屋盖的类别按表 10-6 采用。

现以最简单的两层单跨对称的刚弹性方案房屋为例（图 10-21），说明其在水平荷载作用下的计算方法与步骤。

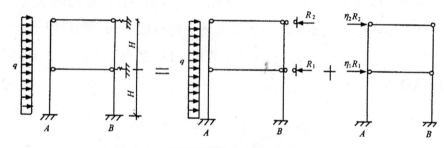

图 10-21　两层刚弹性方案房屋的内力计算

a 在两个结点处附加不动铰支座，按刚性方案计算出在水平荷载 q 作用下两柱的内力和不动铰支座反力 R_1、R_2；［图 10-21（b）］。

b 将 R_1、R_2 分别乘以空间性能影响系数 ηi，反向作用于结点上［图 10-21（c）］，求出两柱的弯矩。

c 将上述两步的计算结果叠加，即可求得最后的弯矩值。

（三）无筋砌体构件计算

1. 墙、柱的高厚比验算

墙柱高厚比验算是保证墙柱构件在施工阶段和试用期间稳定性的

一项重要构造措施。

受压构件的计算高度 H_0，应根据房屋类别和构件支承条件等按表 10-7 采用。表中的构件高度 H，应按下列规定采用：（1）在房屋底层，为楼板顶面到构件下端支点的距离。下端支点的位置，可取在基础顶面。当埋置较深且有刚性地坪时，可取室外地面下 500mm 处；（2）在房屋其他层，为楼板或其他水平支点间的距离；（3）对于无壁柱的山墙，可取层高加山墙尖高度的 1/2；对于带壁柱的山墙可取壁柱处的山墙高度。

表 10-7　受压构件的计算高度 H_0

房屋类别			柱		带壁柱墙或周边拉接的墙		
			排架方向	垂直排架方向	s>2H	2H≥s>H	s≤H
有吊车的单层房屋	变截面柱上段	弹性方案	2.5Hu	1.25Hu	2.5Hu		
		刚性、刚弹性方案	2.0Hu	1.25Hu	2.0Hu		
	变截面柱下段		1.0Hl	0.8Hl	1.0Hl		
无吊车的单层和多层房屋	单跨	弹性方案	1.5H	1.0H	1.5H		
		刚弹性方案	1.2H	1.0H	1.2H		
	多跨	弹性方案	1.25H	1.0H	1.25H		
		刚弹性方案	1.10H	1.0H	1.1H		
	刚性方案		1.0H	1.0H	1.0H	0.4s+0.2H	0.6s

墙、柱的高厚比应按下式验算：

$$\beta = H_0/h \leq \mu_1\mu_2 [\beta] \tag{10-31}$$

式中：H_0——墙、柱的计算高度；

　　　h——墙厚或矩形柱与 H_0 相对应的边长；

　　　μ_1——自承重墙允许高厚比的修正系数；

　　　μ_2——有门窗洞口墙允许高厚比的修正系数：

　　　$[\beta]$——墙、柱的允许高厚比，应按表 10-8 采用。

表 10-8　墙、柱的允许高厚比 [β] 值

砌体类别	砂浆强度等级	墙	柱
无筋砌体	M2.5	22	15
	M5.0 或 Mb5.0、Ms5.0	24	16
	≥M7.5 或 Mb7.5、Ms7.5	26	17
配筋砌块砌体	—	30	21

厚度不大于 240mm 的自承重墙，允许高厚比修正系数 μ_1，应按下列规定采用：

（1）墙厚为 240mm 时，μ_1 取 1.2；墙厚为 90mm 时，μ_1 取 1.5；当墙厚小于 240mm 且大于 90mm 时，μ_1 按插入法取值。

（2）上端为自由端墙的允许高厚比，除按上述规定提高外，尚可提高 30%。

（3）对厚度小于 90mm 的墙。当双面采用不低于 M10 的水泥砂浆抹面，包括抹面层的墙厚不小于 90mm 时，可按墙厚等于 90mm 验算高厚比。

对有门窗洞口的墙，允许高厚比修正系数，应符合下列要求：

（1）允许高厚比修正系数，应按下式计算：

$$\mu_2 = 1 - 0.4(b_s/s) \qquad (10\text{-}32)$$

式中：b_s——在宽度 s 范围内的门窗洞口总宽度；

s——相邻横墙或壁柱之间的距离。

（2）当按公式（10-32）计算的 μ_2 的值小于 0.7 时，μ_2 取 0.7；当洞口高度等于或小于墙高的 1/5 时，μ_2 取 1.0。

（3）当洞口高度大于或等于墙高的 4/5

对于带壁柱墙和带构造柱墙的高厚比验算，应按下列规定进行：

（1）按公式验算带壁柱墙的高厚比，此时公式中 h 应改用带壁柱墙截面的折算厚度 h_T，在确定截面回转半径时，墙截面的翼缘宽度，可按砌体规范条文的规定采用；当确定带壁柱墙的计算高度 H_0 时，s 应取与之相交相邻墙之间的距离。

（2）当构造柱截面宽度不小于墙厚时，可按公式（10-31）验算带构造柱墙的高厚比，此时公式中 h 取墙厚；当确定带构造柱墙的计算高度 H_0 时，s 应取相邻横墙间的距离；墙的允许高厚比［β］可乘以修正系数 μ_c，μ_c 可按下式计算：

$$\mu_c = 1 + \gamma(b_c/l) \qquad (10-33)$$

式中：γ——系数。对混凝土砌块、混凝土多孔砖，γ = 1.0；其他砌体，γ = 1.5；

　　　　b_c——构造柱沿墙长力方向的宽度；

　　　　l——构造柱的间距。

当 $b_c/l > 0.25$ 时取 $b_c/l = 0.25$，当 $b_c/l < 0.25$ 时取 $b_c/l = 0$

（3）按公式验算壁柱间墙或构造柱间墙的高厚比时，s 应取相邻壁柱间或相邻构造柱间的距离。设有钢筋混凝土圈梁的带壁柱墙或带构造柱墙，当 b/s≥1/30 时，圈梁可视作壁柱间墙或构造柱间墙的不动铰支点（b 为圈梁宽度）。当不满足上述条件且不允许增加圈梁宽度时，可按墙体平面外等刚度原则增加圈梁高度，此时，圈梁仍可视为壁柱间墙或构造柱间墙的不动铰支点。

二、知识训练

案例一：某仓库外墙如图 10-22 所示，240mm 厚，由红砖、M5 砂浆砌筑而成，墙高 5.4m，每 4m 长设有 1.2m 宽的窗洞，同时墙长每 4m 设有钢筋混凝土构造柱（240mm×240mm），横墙间距 24m，试验算该墙体的的高厚比。

图 10-22 （单位：mm）

解答：$s = 24m > 2H = 2 \times 5.4 = 10.8m$，$H_0 = 1.0H = 5.4m$

$$\mu_2 = 1 - 0.4\frac{b_s}{s} = 1 - 0.4 \times \frac{1.2}{4} = 0.88 > 0.7$$

M5 砂浆 $[\beta] = 24$

$$\beta = \frac{H_0}{h} = \frac{5400}{240} = 22.5 > \mu_1\mu_2[\beta] = 0.88 \times 24 = 21.1，不满足要求$$

案例二：某单层单跨无吊车的仓库如图 10-23 所示，壁柱间距 4m，中开宽度 1.8m 的窗口，车间长 40m，屋架下弦标高 5m，壁柱为 370×490mm，墙厚 240mm，M2.5 混合砂浆砌筑，根据车间的构造确定为刚弹性方案，试验算带壁柱墙的高厚比。

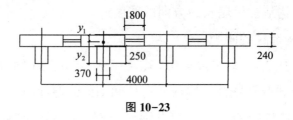

图 10-23

解答：（1）求带壁柱墙截面的几何性质

$$A = 250 \times 370 + 240 \times 2\ 200 = 620\ 500\text{mm}^2$$

$$y_1 = \frac{250 \times 370 \times (240 + 250/2) + 240 \times 2\ 200 \times 120}{620\ 500} = 156.5\text{mm}$$

$$y_2 = 240 + 250 - 156.5 = 333.5\text{mm}$$

$$I = \frac{1}{12} \times 2\ 200 \times 240^3 + 2\ 200 \times 240 \times (156.5 - 120)\ 2$$

$$+ \frac{1}{12} \times 370 \times 250^3 + 370 \times 250 \times (333.5 - 125)\ 2 = 7\ 740\ 000\ 000\text{mm}^4$$

$$i = \sqrt{\frac{I}{A}} = 111.8\text{mm},\ h_T = 3.5i = 3.5 \times 111.8 = 391\text{mm}$$

（2）确定计算高度

$$H = 5 + 0.5 = 5.5\text{m},\ H_0 = 1.2H = 6.6\text{m}$$

（3）整片墙高厚比验算

M2.5 混合砂浆砌筑查表得到 $[\beta] = 22$，开门窗的墙，修正系数

$$\mu_2 = 1 - 0.4\frac{b_s}{s} = 1 - 0.4 \times \frac{1.8}{4} = 0.82 > 0.7$$

$$\beta = \frac{H_0}{h} = \frac{6600}{391} = 16.9 < \mu_1\mu_2[\beta] = 0.82 \times 22 = 18 \text{ 满足要求。}$$

（4）壁柱间墙的高厚比（略）

2. 受压构件计算

（1）轴心受压构件的计算

轴心受压构件的承载力，应符合下式的要求：

$$N \leq \varphi f A \tag{10-34}$$

式中：N——轴向力设计值；

　　　φ——高厚比 β 和轴向力的偏心距 e 对受压构件承载力的影响系数；

　　　f——砌体的抗压强度设计值；

　　　A——截面面积。

注：受压构件承载力的影响系数 φ，可按砌体规范附录 D 的规定采用；

确定影响系数 φ 时，构件高厚比 β 应按下列公式计算：

对矩形截面 $\beta = \gamma_\beta (H_0/h)$ （10-35）

对 T 形截面 $\beta = \gamma_\beta (H_0/h_T)$ （10-36）

式中：γ_β——不同材料砌体构件的高厚比修正系数，按表 10-8 采用；

　　　H_0——受压构件的计算高度；

　　　h——矩形截面轴向力偏心方向的边长，当轴心受压时为截面较小边长；

　　　h_T——T 形截面的折算厚度，可近似按 3.5i 计算，i 为截面回转半径。

表 10-8　高厚比修正系数 γ_β

砌体材料类别	γ_β
烧结普通砖、烧结多孔砖	1.0
混凝土普通砖、混凝土多孔砖、混凝土及轻集料混凝土砌块	1.1

续表

砌体材料类别	γβ
蒸压灰砂普通砖、蒸压粉煤灰普通砖、细料石	1.2
粗料石、毛石	1.5

案例三：截面为 b×h＝490mm×620mm 的砖柱，采用 MU10 砖及 M5 混合砂浆砌筑，施工质量控制等级为 B 级，柱的计算长度 $H_0＝7m$；柱顶截面承受轴向压力设计值 N＝270kN，沿截面长边方向的弯矩设计值 M＝8.4kNm；柱底截面按轴心受压计算。试验算该砖柱的承载力是否满足要求？

解答：（1）柱顶截面验算

查表得到 $f＝1.50MPa$，$A＝0.49×0.62＝0.3038m^2＞0.3m^2$，$\gamma_a＝1.0$

沿截面长边方向按偏心受压验算：

$e＝\dfrac{M}{N}＝\dfrac{8.4}{260}＝0.031m＝31mm＜0.6y＝0.6×310＝186mm$，$\dfrac{e}{h}＝\dfrac{31}{620}＝0.05$

$\beta＝\gamma_\beta\dfrac{H_0}{h}＝1.0×\dfrac{7000}{620}＝11.29$，查表得到 $\varphi＝0.728$

$\varphi fA＝0.728×1.50×0.3038×10^6＝331.7kN＞N＝270kN$，满足要求。

沿截面短边方向按轴心受压验算：

$\beta＝\gamma_\beta\dfrac{H_0}{b}＝1.0×\dfrac{7000}{490}＝14.29$，查表得到 $\varphi＝0.763$

$\varphi fA＝0.763×1.50×0.3038×10^6＝347.7kN＞N＝270kN$，满足要求。

（2）柱底截面验算

设砖砌体的密度 $\rho＝18kN/m^3$，则柱底的轴压设计值

$N＝270＋1.35×18×0.49×0.62×7＝321.7kN$

$$\beta = \gamma_\beta \frac{H_0}{b} = 1.0 \times \frac{7000}{490} = 14.29 , \text{查表得到} \varphi = 0.763$$

$\varphi f A = 0.763 \times 1.50 \times 0.3038 \times 10^6 = 347.7kN > N = 321.7kN$ ，满足要求。

（2）局部受压构件计算

砌体截面中受局部均匀压力时的承载力，应满足下式的要求：

$$N_l \le \gamma f A_l \tag{10-37}$$

式中：N_l ——局部受压面积上的轴向力设计值；

$\quad \gamma$ ——砌体局部抗压强度提高系数；

$\quad f$ ——砌体的抗压强度设计值，局部受压面积小于 $0.3m^2$，可不考虑强度调整系数 γa 的影响；

$\quad A_l$ ——局部受压面积。

砌体局部抗压强度提高系数 γ ，应符合下列规定：

γ 可按下式计算：

$$\gamma = 1 + 0.35 \sqrt{\frac{A_0}{A_l} - 1} \tag{10-38}$$

式中：A_0—— 影响砌体局部抗压强度的计算面积。

计算所得 γ 值，尚应符合下列规定：$\gamma \le 2.0$；

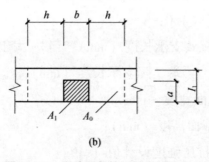

(b)

图 10-24 影响局部抗压强度的面积 A_0

影响砌体局部抗压强度的计算面积，可按下列规定采用：$A_0 = （b+2h）h$；

式中：a、b——矩形局部受压面积 A_0 的边长；

h、h_1——墙厚或柱的较小边长，墙厚；

c——矩形局部受压面积的外边缘至构件边缘的较小距离，

当大于 h 时，应取为 h。

梁端支承处砌体的局部受压承载力，应按下列公式计算：

$$\varphi N_0 + N_l \leq \eta \gamma f A_l$$

$$\varphi = 1.5 - 0.5 \frac{A_0}{A_l}$$

$$N_0 = \sigma_0 A_l$$

$$A_L = a_0 b \tag{10-39}$$

$$a_0 = 10 \sqrt{\frac{h_c}{f}}$$

$$\varphi N_0 + N_l \leq \eta \gamma$$

式中：φ ——上部荷载的折减系数，当 A_0 / A_l 大于或等于 3 时，应取 ψ

等于 0；

N_0——局部受压面积内上部轴向力设计值（N）；

N_1——梁端支承压力设计值（N）；

σ_0——上部平均压应力设计值（N/mm²）；

η——梁端底面压应力图形的完整系数，应取 0.7，对于过梁和

墙梁应取 1.0；

a_o——梁端有效支承长度（mm）；当 a_o 大于 a 时，应取 a_o 等于

a，a 为梁端实际支承长度（mm）；

b——梁的截面宽度（mm）；

hc——梁的截面高度（mm）；

f——砌体的抗压强度设计值（MPa）。

在梁端设有刚性垫块时的砌体局部受压，应符合下列规定：

1 刚性垫块下的砌体局部受压承载力，应按下列公式计算：

$$N_0 + N_l \leq \varphi \gamma_1 f A_b$$

$$N_0 = \sigma_0 A_b \tag{10-40}$$

$$A_b = a_b b_b$$

式中：N_0——垫块面积 Ab 内上部轴向力设计值（N）；

　　　φ——垫块上 N_0 与 N_1 合力的影响系数，应取 β 小于或等于 3，按《规范》第 3.1.1 条规定取值；

　　　γ1——垫块外砌体面积的有利影响系数，γ1 应为 0.8γ，但不小于 1.0。γ 为砌体局部抗压强度提高系数，按公式（10-40）以 A_b 代替 A_l 计算得出；

　　　A_b——垫块面积（mm²）；

　　　a_b——垫块伸入墙内的长度（mm）；

　　　b_b——垫块的宽度（mm）。

2）刚性垫块的构造，应符合下列规定：

a. 刚性垫块的高度不应小于 180mm，自梁边算起的垫块挑出长度不应大于垫块高度 t_b；

b. 在带壁柱墙的壁柱内设刚性垫块时（图 10-25），其计算面积应取壁柱范围内的面积，而不应计算翼缘部分，同时壁柱上垫块伸入翼墙内的长度不应小于 120mm；

c. 当现浇垫块与梁端整体浇筑时，垫块可在梁高范围内设置。

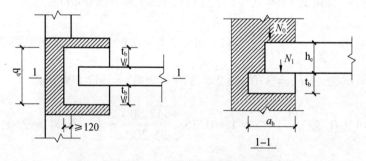

图 10-25　壁柱上设有垫块时梁端局部受压

3）梁端设有刚性垫块时，垫块上 Nl 作用点的位置可取梁端有效支承长度 a_0 的 0.4 倍。a_0 应按下式确定：

$$a_0 = \delta_1 \sqrt{\frac{h_c}{f}} \tag{10-41}$$

式中：δ_1——刚性垫块的影响系数，可按表 10-9 采用。

表 10-9　系数 δ_1 值表

$\sigma 0/f$	0	0.2	0.4	0.6	0.8
$\delta 1$	5.4	5.7	6.0	6.9	7.8

注：表中其间的数值可采用插入法求得。

案例四：验算如图 10-26 所示梁端砌体局部受压承载力。已知梁截面尺寸 b×h＝200mm×400mm，梁支承长度 240mm，荷载设计值产生的支座反力 Nl＝60kN，墙体上部的荷载 Nu＝260kN，窗间墙截面 1200mm×370mm，采用 MU10 砖和 M2.5 混合砂浆砌筑。

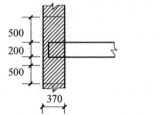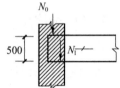

图 10-26

解：查表得到砌体抗压强度设计值为 $f = 1.3 N/mm^2$

$$a_0 = 10\sqrt{\frac{h}{f}} = 10\sqrt{\frac{400}{1.3}} = 176mm，A_l = a_0 b = 176 \times 200 = 35\ 200mm^2$$

$$A_0 = h(2h + b) = 370 \times (2 \times 370 + 200) = 347\ 800mm^2$$

$$\gamma = 1 + 0.35\sqrt{\frac{A_0}{A_l} - 1} = 1 + 0.35\sqrt{\frac{347\ 800}{35\ 200} - 1} = 2.04 > 2.0，取\ \gamma = 2.0$$

$$\sigma_0 = \frac{N_u}{A} = \frac{260\ 000}{370 \times 1\ 200} = 0.58N/mm^2，N_0 = \sigma_0 A_l = 0.58 \times 35\ 200 = 20.42kN$$

$\frac{A_0}{A_l} = 9.8$，故取 $\Psi = 0$（这样实际上 N_0 的计算就没有什么意义了）

$\eta\gamma f A_l = 0.7 \times 2 \times 35\ 200 \times 1.30 = 64\ 064N > \Psi N_0 + N_l = 60\ 000N$

局部受压承载力满足要求。

3. 轴心受拉构件

轴心受拉构件的承载力，应满足下式的要求：

$$N_t \le f_t A \qquad (10\text{-}42)$$

式中：N_t ——轴心拉力设计值；

f_t ——砌体的轴心抗拉强度设计值。

4. 受弯构件

受弯构件的承载力，应满足下式的要求：

$$M \le f_{tm} W \qquad (10\text{-}43)$$

式中：M——弯矩设计值；

f_{tm} ——砌体弯曲抗拉强度设计值，应按表 10-4 采用；

W——截面抵抗矩。

受弯构件的受剪承载力，应按下列公式计算：

$$V \le f_v bz$$
$$z = I/S \qquad (10\text{-}44)$$

式中：V——剪力设计值；

f_v ——砌体的抗剪强度设计值，应按表 10-4 采用；

b——截面宽度；

z——内力臂，当截面为矩形时取 z 等于 2h/3（h 为截面高度）；

I——截面惯性矩；

S——截面面积矩。

5. 受剪构件

沿通缝或沿阶梯形截面破坏时受剪构件的承载力，应按下列公式计算：

$$V \le (f_v + \alpha\mu\sigma_0)A \qquad (10\text{-}45)$$

当 $\gamma_G = 1.2$ 时，$\mu = 0.26 - 0.082\sigma_0/f$

当 $\gamma_G = 1.35$ 时 $\mu = 0.23 - 0.065\sigma_0/f$

式中：V——剪力设计值；

A——水平截面面积；

f_v——砌体抗剪强度设计值，对灌孔的混凝土砌块砌体取 f_{vg}；

α——修正系数；当 $\gamma_G = 1.2$ 时，砖（含多孔砖）砌体取 0.60，混凝土砌块砌体取 0.64；

当 $\gamma_G = 1.35$ 时，砖（含多孔砖）砌体取 0.64，混凝土砌块砌体取 0.66；

μ—— 剪压复合受力影响系数；

f——砌体的抗压强度设计值；

σ_0——永久荷载设计值产生的水平截面平均压应力，其值不应大于 0.8

二、技能训练

训练一：截面为 b×h = 490mm×620mm 的砖柱，采用 MU10 砖及 M5 混合砂浆砌筑，施工质量控制等级为 B 级，柱的计算长度 $H_0 = 7m$；柱顶截面承受轴向压力设计值 N = 270kN，沿截面长边方向的弯矩设计值 M = 8.4kNm；柱底截面按轴心受压计算。试验算该砖柱的承载力是否满足要求？

训练二：某食堂带壁柱的窗间墙，截面尺寸如图（10-27）所示，壁柱高 5.4m，计算高度 6.48m，用 MU10 粘土砖及 M2.5 混合砂浆砌筑，施工质量控制等级为 B 级。竖向力设计值 N = 320kN，弯矩设计值 M = 41kNm（弯矩方向墙体外侧受压，壁柱受拉），验算该墙体承载力。

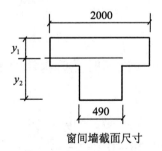

窗间墙截面尺寸

图 10-27（单位：mm）

任务 10-4　特殊构件计算

知识目标：通过本项目的学习掌握圈梁、过梁的设计。

技能目标：能掌握圈梁与过梁的基本构造要求。

一、知识点

(一) 圈 梁

圈梁是在房屋的檐口、窗顶、楼层、吊车梁顶或基础顶面标高处，沿砌体墙水平方向设置封闭状的按构造配筋的混凝土梁式构件。

对于有地基不均匀沉降或较大振动荷载的房屋，可按本节规定在砌体墙中设置现浇混凝土圈梁。

厂房、仓库、食堂等空旷单层房屋应按下列规定设置圈梁：

(1) 砖砌体结构房屋，檐口标高为 5m~8m 时，应在檐口标高处设置圈梁一道；檐口标高大于 8m 时，应增加设置数量。

(2) 砌块及料石砌体结构房屋，檐口标高为 4m~5m 时，应在檐口标高处设置圈梁一道；檐口标高大于 5m 时，应增加设置数量。

(3) 对有吊车或较大振动设备的单层工业房屋，当未采取有效的隔振措施时，除在檐口或窗顶标高处设置现浇混凝土圈梁外，尚应增加设置数量。

住宅、办公楼等多层砌体结构民用房屋，且层数为 3 层~4 层时，应在底层和檐口标高处各设置一道圈梁。当层数超过 4 层时，除应在底层和檐口标高处各设置一道圈梁外，至少应在所有纵、横墙上隔层设置。多层砌体工业房屋，应每层设置现浇混凝土圈梁。设置墙梁的多层砌体结构房屋，应在托梁、墙梁顶面和檐口标高处设置现浇钢筋混凝土圈梁。

圈梁应符合下列构造要求：

(1) 圈梁宜连续地设在同一水平面上，并形成封闭状；当圈梁被门窗洞口截断时，应在洞口上部增设相同截面的附加圈梁。附加圈梁与圈梁的搭接长度不应小于其中到中垂直间距的2倍，且不得小于1m；

（2）纵、横墙交接处的圈梁应可靠连接。刚弹性和弹性方案房屋，圈梁应与屋架、大梁等构件可靠连接；

（3）混凝土圈梁的宽度宜与墙厚相同，当墙厚不小于240mm时，其宽度不宜小于墙厚的2/3。圈梁高度不应小于120mm。纵向钢筋数量不应少于4根，直径不应小于10mm，绑扎接头的搭接长度按受拉钢筋考虑，箍筋间距不应大于300mm；

（4）圈梁兼作过梁时，过梁部分的钢筋应按计算面积另行增配。

采用现浇混凝土楼（屋）盖的多层砌体结构房屋。当层数超过5层时，除应在檐口标高处设置一道圈梁外，可隔层设置圈梁，并应与楼（屋）面板一起现浇。未设置圈梁的楼面板嵌入墙内的长度不应小于120mm，并沿墙长配置不少于2根直径为10mm的纵向钢筋。

（二）过梁

当墙体上开设门窗洞口且墙体洞口大于300mm时，为了支撑洞口上部砌体所传来的各种荷载，并将这些荷载传给门窗等洞口两边的墙，常在门窗洞口上设置横梁，该梁称为过梁（图10-28）。

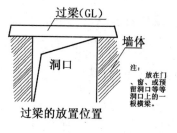

图10-28

对有较大振动荷载或可能产生不均匀沉降的房屋，应采用混凝土过梁。当过梁的跨度不大于1.5m时，可采用钢筋砖过梁；不大于1.2m时，可采用砖砌平拱过梁。

过梁的荷载，应按下列规定采用：

（1）对砖和砌块砌体，当梁、板下的墙体高度 hw 小于过梁的净跨

ln 时，过梁应计入梁、板传来的荷载，否则可不考虑梁、板荷载。

（2）对砖砌体，当过梁上的墙体高度 hw 小于 ln/3 时，墙体荷载应按墙体的均布自重采用，否则应按高度为 ln/3 墙体的均布自重来采用。

（3）对砌块砌体，当过梁上的墙体高度 hw 小于 ln/2 时，墙体荷载应按墙体的均布自重采用，否则应按高度为 ln/2 墙体的均布自重采用。

过梁的计算，宜符合下列规定：

（1）砖砌平拱受弯和受剪承载力计算；

（2）钢筋砖过梁的受弯承载力计算，受剪承载力计算；

$$M \leqslant 0.85h_0 f_y A_s \tag{10-46}$$

式中：M——按简支梁计算的跨中弯矩设计值；

　　　　h_0——过梁截面的有效高度，$h_0 = h - a_s$；

　　　　a_s——受拉钢筋重心至截面下边缘的距离；

　　　　h——过梁的截面计算高度，取过梁底面以上的墙体高度，但不大于 ln/3；当考虑梁、板传来的荷载时，则按梁、板下的高度采用；

　　　　f_y——钢筋的抗拉强度设计值；

　　　　A_s——受拉钢筋的截面面积。

（3）混凝土过梁的承载力，应按混凝土受弯构件计算。验算过梁下砌体局部受压承载力时，可不考虑上层荷载的影响；梁端底面压应力图形完整系数可取 1.0，梁端有效支承长度可取实际支承长度，但不应大于墙厚。

砖砌过梁的构造，应符合下列规定：

（1）砖砌过梁截面计算高度内的砂浆不宜低于 M5（Mb5、Ms5）。

（2）砖砌平拱用竖砖砌筑部分的高度不应小于 240mm。

（3）钢筋砖过梁底面砂浆层处的钢筋，其直径不应小于 5mm，间距不宜大于 120mm，钢筋伸入支座砌体内的长度不宜小于 240mm，砂浆层的厚度不宜小于 30mm。

二、技能训练

训练一：分组到工地现场观察并量测圈梁与过梁的尺寸、配筋，检查其是否符合构造要求。

单元十　复习思考题

1. 结构设计极限状态分为哪两类？

2. 砖砌体的受压破坏过程分为哪三个阶段？

3. 影响砌体抗压强度的主要因素有哪些？

4. 砌体的破坏形式有哪几种？举例说明。

5. 砌体房屋结构布置形式有哪几种？

6. 砌体结构房屋静力计算方案分为哪几类，如何计算？

参考文献

[1] 朱勇年. 砌体结构施工. 北京：高等教育出版社，2009.

[2] 施楚贤. 砌体结构. 第三版. 北京：中国建筑工业出版社，2012.

[3] 施楚贤. 砌体结构疑难释义（附解题指导）. 北京：中国建筑工业出版社，2004.

[4] 施楚贤. 砌体结构理论与设计. 北京：中国建筑工业出版社，2003.

[5] 施楚贤. 砌体结构设计与计算. 北京：中国建筑工业出版社，2003.

[6] 蓝宗建. 砌体结构. 北京：中国建筑工业出版社，2013.

[7] 苏小翠. 砌体结构设计. 上海：同济大学出版社，2013.

[8] 周和荣. 砌体结构工程施工. 北京：化学工业出版社，2011.

[9] 何培玲，尹维新. 砌体结构. 21世纪全国应用型本科土木建筑系列实用规划教材. 北京：北京大学出版社，2006.

[10] 刘正保. 砌体结构. 北京：人民交通出版社，2006.

[11] 东南大学. 同济大学. 郑州大学合编. 北京：中国建筑工业出版社，2013.

[12] 许淑芳，熊仲明. 砌体结构. 高等学院土木工程系列教材. 北京：科学出版社，2004.

[13] 李砚波，张晋元，韩圣章. 砌体结构设计. 土木工程专业本科教材. 天津：天津大学出版社，2003.

[14] 唐岱新. 砌体结构. 北京：高等教育出版社，2003.

［15］张兴昌．砌体结构．武汉：武汉理工大学出版社，2002.

［16］阳小群．砌体结构工程施工．北京：北京理工大学出版社，2015.

［17］中华人民共和国国家标准《砌体结构设计规范》GB 50003—2011．北京：中国建筑工业出版社，2011.

［18］《建筑施工手册》（第四版）编写组．建筑施工手册（第四版）缩印本．北京：中国建筑工业出版社，2003.

［19］中华人民共和国住房和城乡建设部．中华人民共和国国家质量监督检验检疫总局联合发布．砌体结构工程施工质量验收规范．北京：中国建筑工业出版社，2011.

［20］中华人民共和国住房和城乡建设部发布．建筑施工扣件式钢管脚手架安全技术规范．北京：中国建筑工业出版社，2011.